建 筑 学 术 文 库

当代建筑设计理论
——有关意义的探索

沈克宁 著

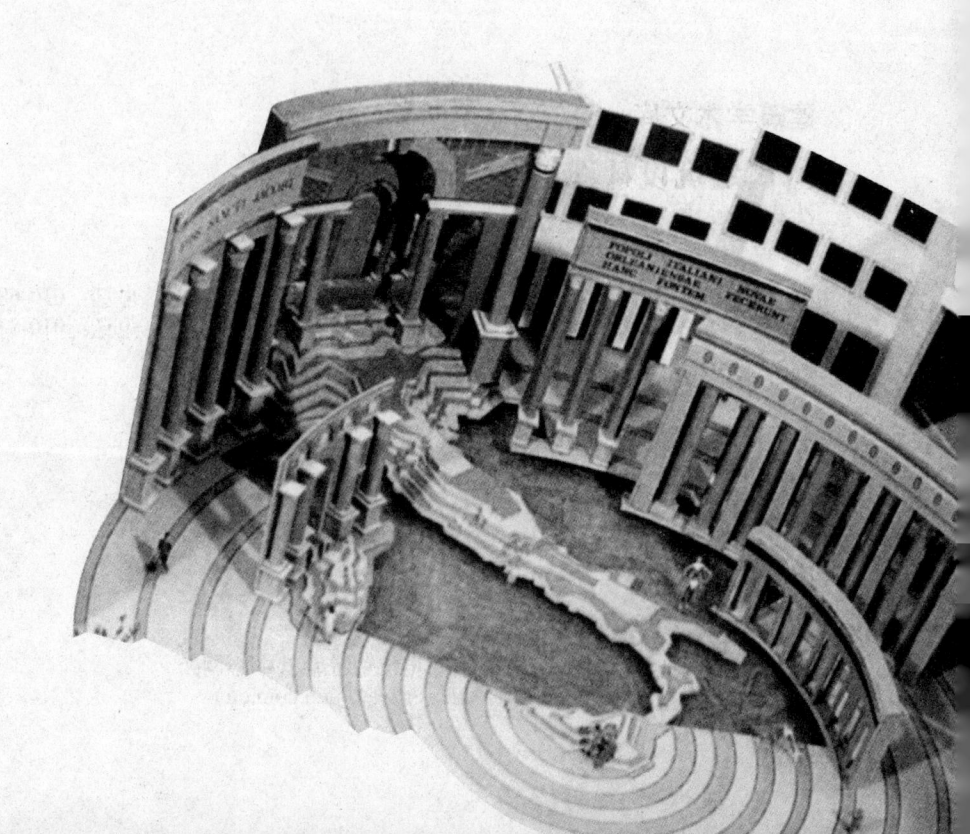

中国水利水电出版社
知识产权出版社

内容提要

本书以探索的方式，带着对建筑意义的疑问，自20世纪建筑运动的初期开始，以建筑流派为线索和脉络，并依据史实，从建筑自身和建筑师所要表达的意义两方面入手，做出了深入浅出的分析和探讨。

本书的主要内容有8章，分别从机器建筑、城市和建筑乌托邦、后现代主义、类型学、新城市主义、洛杉矶的建筑实践、批判的地域主义和建筑现象学这些方面来论述文章的主题。加之前面的导言、后面的后记、文献目录和图片资料索引，本书总共由12个部分组成。

本书既可作为高等院校相关建筑、设计专业师生的教材或教学参考书，亦可作为毕业论文或研究报告的资料用书，对建筑师、规划师以及建筑设计相关从业人员或师生都具有极好的参考借鉴价值。

策 划 人：阳　淼　张宝林　　E-mail：yangsanshui@vip.sina.com；z_baolin@263.net
责任编辑：阳　淼　张宝林
文字编辑：张　冰

图书在版编目（CIP）数据

当代建筑设计理论：有关意义的探索/沈克宁著.—北京：中国水利水电出版社：知识产权出版社，2009
（建筑学术文库）
ISBN 978-7-5084-6180-9

Ⅰ.当…　Ⅱ.沈…　Ⅲ.建筑设计－理论研究　Ⅳ.TU201

中国版本图书馆CIP数据核字（2008）第204577号

建筑学术文库
当代建筑设计理论——有关意义的探索
沈克宁　著

| 中国水利水电出版社
知识产权出版社 | 出版发行 | （北京市西城区三里河路6号；电话：010-68367658
北京市海淀区马甸南村1号；电话：010-82005070） |

北京科水图书销售中心零售　（电话：010-88383994、63202643）
全国各地新华书店和相关出版物销售网点经售
北京城市节奏科技发展有限公司排版
北京市兴怀印刷厂印刷
175mm×260mm　16开本　14.25印张　237千字
2009年4月第1版　2009年4月第1次印刷
印数：0001—4000册
定价：**36.00元**

版权所有·侵权必究
如有印装质量问题，可由中国水利水电出版社营销中心调换
（邮政编码100044，电子邮件：sales@waterpub.com.cn）

导言

当代建筑设计和理论中的一个重要主题,是对建筑意义的探讨。建筑有没有意义?建筑是否能够表达意义?如果建筑能够表达意义,它所表达的又是什么样的意义?现代主义以来,建筑领域对建筑意义的探求表现出多元化的局面:由肯定建筑是意义的载体,是一种传播和通讯工具,因而具有意义,进而到对建筑意义起源的追求,认为建筑的意义存在于语言自身的结构系统中,并认为建筑意义存在于历史文化的形式、片断和由此相关的类型的"记忆"中,到将意义还归于读者,认为意义决定和取决于读者的"视界",直到认为建筑意义的获得须要抛弃"成见",去真实地感知和体验场所与建筑。由此,建筑意义以及更为重要的人们对建筑的感知和所获得的经验才是建筑给予人们的终极意义。这样,将对建筑意义的追求回归于建筑和人们对建筑的体验。

建筑领域的意义大体可以从两个方面来进行探索:其一是建筑自身的意义,其二是建筑师所要表达和传输的意义。大众和社会对建筑师在建筑中所要表达的意义并不十分在意,通常只是建筑设计专业人士留意它。而建筑自身的意义则是让建筑的使用者和更为广泛的观者从建筑中所获得和感受到的意义。它不仅对建筑师,而且对社会有着影响。那种认可建筑意义来自设计者的思想,首先需要设定建筑具有原初的意义。在此前提下,它便是更广泛地追寻建筑的"原初"或"原始"意义活动中的一部分。这种思维的哲学基础是19世纪开始的实证主义，它提出"起源"的问题并对其加以肯定，首先必须承认有最终答案，而且这个答案是唯一的答案，是"真理"。发现了这个最终答案便可以解释所有的意义问题。

20世纪60年代以来，由结构主义人类学家列维·斯特劳斯，随后由福柯和德里达形成的结构主义、后结构主义和解构主义对建筑领域的影响在于提出了有关意义和个人如何可以为世界提供秩序的问题。后现代主义认为建筑能够表达意义，同时能够交流传输这种意义。借此，后现代主义得以将历史主义、折中主义、装饰主义和古典主义重新引进建筑设计和理论中。在该阶段初期，建筑理论研究者试图使用语言学和符号学理论进行建筑研究。他们将建筑作为一种符号系统进行探讨，但这个研究方向进展不大。其失败的原因可由M.塔夫里(M. Tafuri)在《建筑与乌托邦》一书中的论述来加以解释。他认为："一旦艺术在物质上被置于生产领域的机制中，那么其实验性、其自身那种互为现实性便不免受到破坏。正是在这一点上将语言学与建筑学进行对比是有着困难的，两者之间有一个断痕。事实上，如果传播系统只是参照内部结构的约定俗成和规则；如果仅仅将建筑作为语言实验；如果这种实验是间接实现的，是通过构成要素组织的极度含糊性来实现的。最后，如果这些语言'材料'是中性的，仅仅由不同'材料'的相互关系而产生意义，并由此产生其相关重要性，那么唯一的出路就是采取极端的、在政治上是不可知论的形式主义。换句话说，形式主义是唯一与建筑存在的现实最为疏远的理论。"[1] 简单说，他认为在建筑上使用语言或符号学来表达意义是行不通的，因为符号和语言学的形式主义是与现实脱节的。由于结构主义试图理解意义是如何产生的，因此对建筑的影响很大。列维·斯特劳斯认为，意义和产生意义的机制独立于任何先存在的思想，更独立于任何个人的控制。这种哲学思想在建筑领域上导致对意义的重视，但这种重视并没有集中在如何产生意义上，而是集中在赋予建筑师以设计具有意义的建筑责任上。20世纪七八十年代的后现代建筑仅仅通过使用可识别的历史符号来传达意义。德里达同意结构主义有关意义来源的观点，但他认为，

1 Manfredo Tafuri, *Architecture and Utopia, Design and Capitalism Development* (Cambridge, Mass.: MIT Press, 1976), p.157.

西方传统总似乎表现出意义的结构基础是能够解释的。他不同意这种传统的观点。德里达强调，无论是上帝、历史或科学都不是意义解释的基础，因此文本的意义是无限的，而且有赖于其他文本。因此他坚持文本在本质上的非统一性和不协调性，而不是去坚持一种基本的和潜在的秩序。同时，他也不承认那种在客体和用来描述该客体的语言之间所具有的那种明显和透明的关系。他认为意义也不是由人们的意向性产生的，而是由语言自身所具有和表现的不定性产生的。因此在语言以及相关的建筑领域，那种人们通常用来进行操作的、简单的表现概念就受到了质疑。在同一时期，埃森曼提出了建筑的意义在于建筑自身形式构造的句法系统和结构(syntax)，并进行了一系列的建筑设计实验。他的实验强调的是语言学中的句法形式，并试图从中发现建筑的意义。

随着现代主义或功能主义出现危机，人们对类型学重新开始重视，这就是类型学复兴。对类型学的重视也是现代主义之后更广泛地对建筑"意义"追求的一部分，从而与历史建立了联系的类型便重新为人们所重视。人们日益认为与历史建立联系是在一种特定文化内赋予建筑以合法性的必要步骤。在讨论城市形态学时，一些欧洲建筑师认为，类型具有创造一种合法又合理的城市主义的内在能力，可以用于对抗以柯布西耶的"明日的城市"为代表的现代主义城市思想。类型学是城市建筑的基本思想和理论，也是现代主义之后建筑界讨论的重点，英国建筑理论家艾伦·科洪(A.Colquhoun)认为，所有有关建筑的思考均限制在对类型的态度上。他持有这种观点是因为他首先在结构主义语言学和艺术之间进行了比较，他认为"语言"(固定的)和"言语"(可变的)之间的关系与艺术规则和社会接受了的审美规范之间的关系相似。这就是说，类型学的具体实体能够在社会中传达其艺术的意义，它也表明建筑意义的赋予有赖于先行建立的类型的存在。从这点出发，他认为"类型或者被看作是不可变的形式，这种不变的形式构成了实在的富有特性的建筑无限变化的形式……，或者被看作以一种片断的形式流传至今的历史遗存，而它们的意义并不依赖于它们曾经所在的特定时间和地点的那种特

2 Alan Colquhoun, *Modernity and the Classical Tradition: Architectural Essays 1980-1987* (Cambridge, Mass.: The MIT Press, 1991), pp.247-248.

殊组织方式"[2]。科洪将前者与新理性主义相联系,将文丘里及其追随者与后者联系在一起。

这种将传统作为中介和调节工具的理论和思想是将传统作为一种进化的摇篮,在这个摇篮或发源地中,生活世界在物质和概念的层面上得以实现,也就是说,先存在的价值或传统会附着在片断上。这种哲学基础表明,不可能有一种国际化普遍适用的大同和万能原则。这种理论思想在后现代阶段的建筑领域成为主流思想。但是,技术科学正具有这种可以被国际化普遍适用的能力。技术加速了工艺生产和消费,加速了大城市的发展和扩散,而作为工艺和场所创造活动的建筑则被排斥在这个过程之外。海德格尔认为,终极命运不仅包含由特定时间和地点限定的物质条件,还包含特定的历史传统遗产,这种历史传统遗产总是在一种被解释学家汉斯•格奥尔格•加达默尔(Hans Georg Gadamer)称之为"视界融合"(fusion of horizons)的过程中转变自己。对于加达默尔来说,批判性的思维和传统是在解释的循环中不可分地联系在一起的。在解释的循环中给定的文化遗产的偏见必须不断地与"其他"传统的潜在批判相比较、衡量和评定。解释的哲学就是不可避免地要将个人和与其相关的历史文化的特定视界(历史、经验、传统)带入解释中。没有这个前提,解释是不可能进行的。因此,"先验"和先存在就是不可避免的,它必然地要加入到解释的循环中。视界融合,就是要站在解释者的特定视界上来进行理解和解释。以技术科学为立场的现代主义则不这样看问题,他们将过去看作在无止境的发展和进步过程中一系列绝对的独立时刻。对于加达默尔来说,维柯的思想就是人们理解历史不仅仅因为人们创造了历史,而且因为历史塑造了人们[3]。加达默尔的哲学解释学为读者的解释权确立了合法的地位,于是,"读者"的解释就与"作者"的解释具有了相同的地位,这就是读者解释的合法性。罗伯特•文丘里(Robert Venturi)认为相关建筑意义的关键在于它与具有相似性的历史先例建立的某种联系上。这就是说建筑的意义部分地来自读者,部分地来自作者,部分地来自历史先例。读者与作者通过这种共识的历史先例来表现和解读意义。

3 Georgia Warnke, *Gadamer: Hermeneutics, Tradition and Reason* (Stanford: Stanford Univ. Press, 1987).

海德格尔如同胡塞尔一样，试图将人们回复到"事物自身"的现象学表现上。采用这样的心态和方法，不仅可以赋予事物统一性和事物的要诣，而且可以使人们了解造成该事物给予人们的那种特殊感觉状态的来源：无论是颜色、坚硬度、体积，还是共鸣、声响和气味。这就是现象学所强调的"本质在事物中"。海德格尔在他的《有关艺术品的起源》[4]中认为，建筑不仅具有表现其由不同的材料所构成的特质，而且具有揭示世界之所以存在的不同情形和方式。建筑理论家、历史学家弗兰普顿认为，营建的结构和建构(Tectonic)正表现为一种方式，建筑通过这种方式表现不同的状态和条件，例如，事物的耐久性、设备的工具性和人类制度的普遍性[5]。批判性的地方主义和强调感知和体验的建筑现象学则将场所、空间和建筑的意义从象征和符号的表现中解放了出来，从而使形式自身不再具有先验或先行存在的意义。建筑的意义不再是建筑师的意向，也不是历史文化的积淀，更不是所谓符号系统中约定俗成的意义，或通俗文化的表面意义。相反，它是知觉(视觉、听觉、味觉和肌肤)对空间、材料、建筑构造、营建系统、色彩、气味和声音的感知。瑞士建筑师彼得·卒姆托(Peter Zumthor)谈道，当他在建筑中成功地将某种特定材料的意义引发出来时，感觉就出现了。这种意义是一种特定的意义，它仅在该特定建筑中以特定的方式感觉到。他认为营建是一种使用不同的零件构成一种有意义的整体的活动[6]。卒姆托进而将个人和集体的定居经验，以及身体中所存储的场所和空间体验作为他的设计和作品的源泉和丰富宝藏[7]。建筑现象学试图去除任何现有的"成见"以获得真实的感知和真正的意义。这是一种更为贴近真实、从建筑自身出发的设计思想。这种设计思想认为建筑所表达的不应该是外在的思想和意义，而应该是从建筑自身感受到的，无言的、难以述说的感受。这种感受的获得是通过建筑自身精致的营建和建构、材料和细部的设计来获得的。

当一件作品述说着什么，它就属于人们理解和感知的范畴，也就是说建筑和艺术作品成为解释学的对象。当人们不能立即理解非直截了当表达的内容和意义时，便可以使用解释学的方法来加以解释。意义的表达首先是一种语

[4] Martin Heidegger, "On the Origin of the Work of Art", in *Poetry, Language, Thought* (New York: Harper & Row, 1971).

[5] Kenneth Frampton, *Studies in Tectonic Culture: The Poetics of Construction in Nineteenth and Twentieth Century Architecture* (Cambridge, Mass.: MIT Press, 1995).

[6] Peter Zumthor, "A Way of Looking at Things", *Architecture and Urbanism*, February, 1998. Extra Edition.

[7] Peter Zumthor, "Lightness and Pain", in *Peter Zumthor Works* (Lars Muller Publishers, 1998).

言的表述，那种帮助他人理解可以被理解事物的每一种解释都具有语言的特征。从这个意义上讲，对世界的全部理解都是通过语言来调节和沟通的。加达默尔认为我们可以区分"本源"和"遗存"。"遗存"是保留至今的昨日世界的片断，它可以帮助人们理智地、有根据地重构这些遗存所存在的世界。"本源"则构成了一个语言学的传统，因此，"本源"帮助人们理解一个由语言学角度解释的世界。"本源"又是为了回忆的目的而传承下来的记录。一件艺术品、一座建筑对每个观者都述说着什么，而且对不同的观者述说着不同的、特殊的事情，更值得注意的是它所述说的是目前的和当下的事情。因此，我们的任务就是理解建筑和建筑师所要述说和表达的，并对自己和他人做出尽可能清晰和完整的表述。加达默尔在《审美和解释学》中认为：解释学沟通并拉近了心智间的距离，揭示了其他心智的陌生性。但是，揭示不熟悉性并不仅仅意味着历史地重构该作品具有原初意义和功能时所处的世界，还意味着去掌握和理解它向人们所要述说和表达的内容和意义，而这个内容和意义通常又远远超出人们至今所声明和领悟的意义[8]。建筑和其他艺术品的经验和感知活动要远远超出某种意义的预知活动。艺术的感知和经验并不仅仅是理解一种可辨识的意义。建筑以及其他艺术品所要表述的也就是体验者所发现的。因此，理解艺术品向人们所表述的是一种自我遭遇的活动。因此，当读者阅读本书的时候，所发现和感悟的也都源起于读者自己。

8 Hans-Georg Gadamer, "Aesthetics and Hermeneutics," in Hans-Georg Gadamer, *Philosophical Hermeneutics* (Berkeley: University of California Press, 1976).

目录

导言

一、机器建筑　　1

1. 现代技术主义　　4
2. 技术羽化主义　　9
3. 机械乌托邦　　14

二、城市和建筑乌托邦：理想城市和建筑　　25

1. 乌托邦与城市建筑　　27
2. 乌托邦与乌托邦城市特征　　29
3. 20世纪前半叶的城市建筑乌托邦　　30
4. 当代城市建筑与乌托邦　　38

三、后现代主义：表情达意的建筑　　53

1. 文丘里的复杂性与矛盾性和建筑的形式与意义　　53
2. 格雷夫斯的图像建筑　　55
3. 建筑设计的拼贴法　　58
4. 后现代古典主义　　60

四、类型学：类推的建筑　　64

1. 建筑类型学的定义与历史　　67
2. 类型学的复兴与作为本体论的城市　　70
3. 作为"元"理论的类型学　　74

4.	类型学的历史观	76
5.	类型学与克里尔的古典主义城市复兴	79
6.	罗西的类型学理论	83

五、新城市主义 **95**

1. 郊区的城镇模型 100
2. 区域设计和可持续发展社区 104
3. 旧城改造的实践 108
4. DPZ 的新城市主义理论和设计实践 110

六、洛杉矶的建筑实践 **125**

1. 设计特征和其文化现象 128
2. 建筑设计之取向 133
3. 奠基人：盖里 136

七、批判的地域主义 **141**

1. 芒福德的原创性地域主义思想 143
2. 地域主义的批判性思想 146
3. 批判的地域主义在世界范围的表现 149
4. 批判的地域主义实践在美国 155

八、现象学：知觉和体验的建筑 **165**

1. 建筑的场所与真实的生活世界 169
2. 知觉的建筑与生活经验 177
3. 现象学的设计思想和若干实例 188

插图来源索引　209
后记　215

一、机器建筑

　　机器建筑始于现代建筑运动初期。包豪斯建筑教育强调工业制造，否定手工艺制造标准，从而系统化地将建筑与机器工业和工业生产联系起来。现代建筑历史学家雷诺·班海姆(Reyner Banham)在1960年出版的《第一机器时代的设计理论》一书中认为：当时西方已经在"工业时代"中生活了近一个半世纪，人类已经跨越了"第一机器时代"，开始进入"第二机器时代"。"第二机器时代"的特征是室内电器的普及和化学合成物质的普遍使用。他认为随着人类对机械装置控制的飞速发展，人类将很快进入"第二机器时代"。班海姆认为格罗皮乌斯在1923年后所领导的包豪斯学校致力于第一机器时代的建筑，并致力于设计机械产品[1]。柯布西耶有关"住宅是居住的机器"及其论述以艺术家和社会改造者的态度，将乌托邦与艺术激情注入机械工业和工业生产中。密斯少言寡语，身体力行地将工业制品、精确的工业标准和工业美应用在建筑中。密斯的作品展现了机器时代的建筑材料、结构和构造的新式样，为机器主义提供了样板。这样，包豪斯和格罗皮乌斯在建筑教育和制度上，柯布西耶在艺术激情上，密斯在结构、构造和工艺上，为建筑机器主义奠定了理论和实践的基础。

　　建筑机器主义从它出现的那一刻起就具有一种激进、极端和幻想的性质。这也难怪，西方工业革命至今不过几百年的历史。从那时起，机械上的和工业上的革新层出不穷。每一次新的发现都激励人们，使人们倍加兴奋，从而提出

[1] Reyner Banham, *Theory and Design in the First Machine Age* (New York: Praeger, 1960).

更为大胆和激进的设想。有些当时不能实现的设想，日后被证明是可行的、是创举。于是，更为极端的产物就出现了，尤其是一些乌托邦畅想者也参与其中。道理很简单，现在不可行的将来未必也不可行，加上一些乌托邦的畅想曲也确实美妙，很能迎合人们的猎奇心理，以及对美好世界和新奇刺激的未来的憧憬。于是，建筑机器主义在技术日新月异的情况下获得了适合其生长的土壤。

在发掘和创造奇异的机器主义建筑形式的实践上，现代主义建筑运动早期，俄国构成主义对建筑的机械形式和机器主义建筑，进行了大量的图示化和形式构成上的研究。尤其是亚科夫·契尔尼科夫 (Iakov Chernikhov) 对机器建筑和其形式构成的研究极为详尽、彻底和系统。他在1928—1931年间所作的一系列工作研究图是其典型代表。他将这些形式构成命名为"机器建筑的研究"。切氏的机器建筑形式与工厂的特定功能的造型形式相联系，例如大跨度的工厂空间、悬挑结构、电梯等。但是，机器建筑的研究在现代运动早期出现后就后继乏人，其主要原因是第二次世界大战后欧洲重建期间无人有暇顾及这些问题。虽然在20世纪40年代建筑理论家西格弗里德·吉提翁 (Siegfried Giedion) 以他的《机器主导——无名史论》[2]，班海姆在《第一机器时代的理论和设计》中将建筑与机械的关系理论化和系统化，但在此阶段并没有产生多少令人振奋的机器建筑，相反，产生的是大规模工厂制造的方盒式现代建筑。这些单调呆

[2] Siegfried Giedion, *Mechanization Takes Control* (New York: Oxford Univ. Press, 1955).

图1.1 切尔尼科夫：机器建筑的研究 (Iako Chernikhov: Studies for machine architecture, 1928–1931)

一、机器建筑

板的现代建筑倒是体现了柯布西耶的工业化生产理想,也反映了机械、大规模生产在现代社会中占有的"支配"和"控制"地位。但现实告诉人们,这种机械化、工厂化和大规模粗制滥造的工业产品并非人类文明进步的表征,亦非人类社会发展的方向。第二次世界大战后的泛现代主义时期,在形式方面进行建筑与机械关系的研究几乎是停止的,这与现代主义运动初期对建筑机械研究的极大热情截然不同。在对机器建筑研究终止和粗糙的现代建筑泛滥 20 年后(第二次世界大战后 20 年),形势有了转机。20 世纪 60 年代初期,在英国以现任伦敦大学建筑教授的彼得·库克(Peter Cook)为首的一群建筑师在伦敦建筑师学会学院(AA School of Architecture)开始了新时代的机器建筑研究。他们还创办了以"建筑电讯派"(Archigram)为名的刊物。他们尤其强调"生物机械"形态,其设计作品以库克"插座城市"(Plug-in City)和朗·赫伦(Ron Herron)的"行走城市"(Walking City)为代表。库克等人的探索指出,"建筑与机器"研究的发展方向不在于工业生产的过程,也不在于大规模的工业化和标准化生产,而在于思想、文化、环境、生态和形式上的研究[3]。又是 20 年过去了,机器建筑的讨论进入了一个新的阶段。在此阶段中,建筑机器主义试图将建筑设计作为展现和揭示现代社会的一种"活动",这就与现代主义将设计简化为对技术社会进行功能和抽象的表现有所不同。当代建筑机器主义又有如下几种不尽相同的发展方向。

3 Peter Cook, *Archigram* (New York: Princeton Architectural Press, 1999).

图 1.2 彼得·库克的"插座城市"(Peter Cook,1967)

1. 现代技术主义

现代技术主义有较长的发展历史，它仍然保持着现代主义对技术的乐观态度。其中有人们所熟悉的"高技派"。"高技派"源于英国，国际建筑界著名的高技派建筑师如詹姆斯·斯特林 (James Sterling)、理查德·罗杰斯 (Richard Rogers) 等均是英国人。英国向来有理性和逻辑实证主义的传统，这种传统表现在建筑上就是强调现代结构、技术和材料。这种以理性态度重视高技术的倾向，被伦敦建筑协会学院作为传统沿袭下来。20 世纪 50 年代后期，建筑协会学院以发展大尺度的纯技术和理性方案而著称。在这些方案中，人们将结构系统、流通系统和结构程序等内容作为有生命的物体来对待。与此观点相适应，人们就需要采用某种生物形态的表现方式。这种生物机械主义的倾向在"建筑电讯派"的理论和作品中达到高潮。该集团由库克、赫伦、沃伦·查克 (Warren Chalk)、D. 格林 (D. Green) 和 M. 韦布 (M. Webb) 组成。他们将其他学科的技术引进城市和建筑设计中，根据有生命的容器或座舱的概念发展出了崭新的城市提案，并将城市设想为可以移动的容器和舱体。这种金属舱体可以在世界上游荡，在海上漂浮。这些舱体可以代替城市，也可以与任何适宜方便的支援和后勤系统联系起来。库克的"栓式城市"和赫伦的"行走城市"便是其典型。

受"建筑电讯派"的影响，20 世纪 70 年代出现了世界范围的"高技术"派群体。一批青年建筑师认为，不必将组成建筑的机械和结构系统包裹起来，这个时期的代表是伦佐·皮亚诺 (Renzo Piano) 和罗杰斯设计的蓬皮杜艺术中心 (1977 年)，这座建筑算是圆了"建筑电讯派"的梦。该建筑的机械和构造部件成为建筑形式构成的表现。在此后的十余年中，罗杰斯、诺曼·福斯特 (Norman Forster) 和皮亚诺率领一群崇拜结构和机械系统的英国建筑师，开始将建筑作为复杂、精密和具有表现性的机器来进行研究。此阶段最有代表性的作品是福斯特设计的香港汇丰银行 (1985 年) 和罗杰斯设计的伦敦劳埃德大厦 (1987 年)。这两座建筑完全是用生产机器零部件的方法来完成的，实现了现代主义将建筑作为机器来对待的梦想。

至 20 世纪 70 年代中期，高技术风格的建筑已经发展到炫耀精密复杂技术的阶段，但是人们也开始对其厌烦。虽然人们了解高技术具有前瞻性，以进步的态度使

一、机器建筑

用技术，但现实是，这种建筑建成后，客户望而止步，无人租用。于是，象征进步的机器时代、显示高技术的建筑成为无人居住的空舱。这表明自认为代表未来、代表技术进步、以高技派为代表的机器建筑和机械社会的幻想，在社会上、在人们的生活中已经成为过去。也许是回应建筑机器主义、高技派和机械乌托邦对人类社会的冷漠，与当时国际政治、社会和文化上的保守主义同步，建筑领域的保守主义以后现代古典主义的形式出现了。伦敦建筑协会学院也不可能逍遥世外。在此时期，后现代古典主义理论家 L. 克里尔任教该校，从而带来一种与机器主义和乌托邦截然不同的风气。虽然如此，在后现代统治的表面现象下，机器建筑的研究并没有终

图 1.3 罗杰斯的劳埃德大厦
(Richard Rogers, Lloyd's Building, London)

止。在这期间建筑协会学院来了新人,这就是雷姆·库哈斯(Rem Koohas)和伯纳德·屈米(Bernad Tschumi)。这两位均对后现代主义给当时建筑世界造成的污染不满,他们反对那种将建筑纪念化的后现代倾向,反对以地方主义手法揭示新建筑现象的做法,也反对为表现技术而表现技术的活动,因此他们也不同意"高技派"的建筑思想和实践。他们认为俄国大革命后,契尔尼科夫激进的作品因其不可实现的性质而更令人激动,因此是对高技术倾向的一副清醒剂。他们否认机器是有机的、异化的,因此也不同意"建筑电讯派"对待机器建筑的态度。库哈斯和屈米试图获得一种与日常社会有关的、自由的形式。他们研究现代主义成功的秘诀,并试图在抽象的、

图 1.4 福斯特事务所设计的香港汇丰银行 (Foster Associate, Hong Kong Bank Headquarters)

一、机器建筑

机械化的和流水线的形式方面重新发现"机器"的意义。随后，二人前往纽约，在当时由彼得•埃森曼(Peter Eisenman)任主任的"建筑和城市研究所"继续进行此方面的研究。屈米认为建筑不是对空间的一种功能划分，而是社会治疗的一种形式。他使用电影制作手法将城市分解，然后以一种完全不同的结合手段对城市进行重新组合。屈米认为整个现代城市是病态的，现代城市因建筑师不断追求理性和技术而走向反面。现代主义追求理性和技术的目标，导致现代城市处于无理性的疯狂状态，呈现出一种有组织的功能失调。他为拉维莱特公园设计的建筑部件，虽然采用高技术机器造型，但却是对现代主义追求机械技术的一种批评、嘲讽和抗议，是用来批

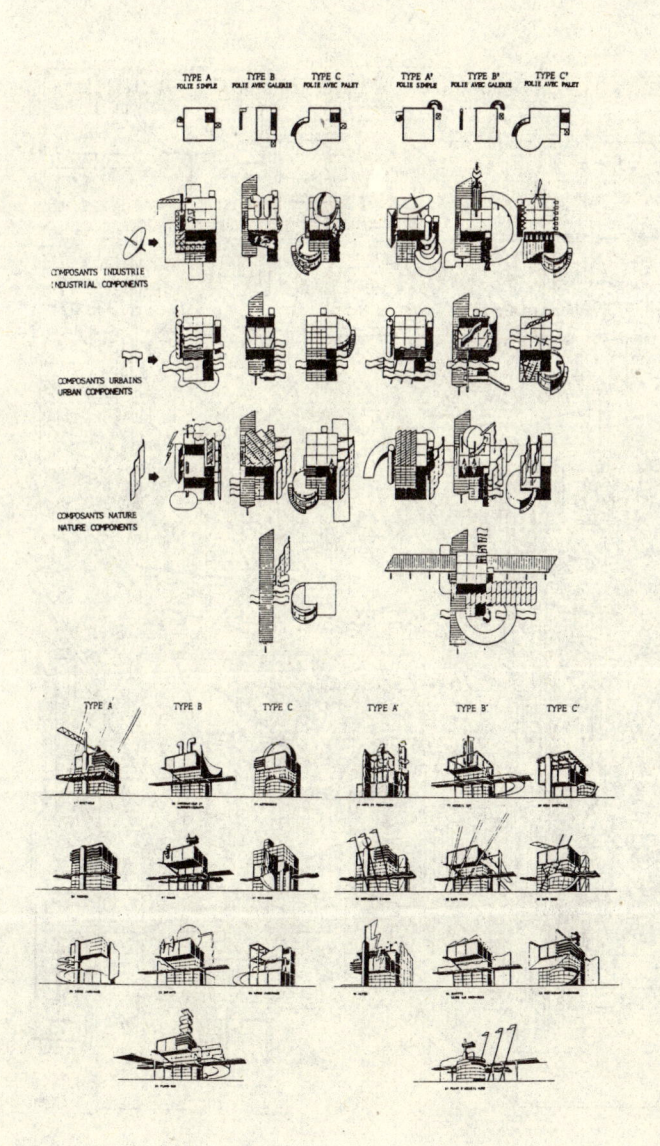

图 1.5 屈米设计的"拉维莱特"公园 (Bernad Tschumi, Parc de La Villette, 1983)

评现代主义追求工业化、机械化和机器造型的疯狂状态。与此同时，库哈斯则从现代主义中发现了叙述性和浪漫的机械主义。

在同一时期，早年受教于库帕联盟，师从约翰·海杜克 (John Hejduk) 的丹尼尔·李伯斯金 (Daniel Libeskind) 采用特殊手法绘制了大量看似没有意义的抽象建筑图，这些图是各种建筑零部件与线、面、体的结合。它们以一种无秩序的方式互相穿插、联结、贯通。以此手法李伯斯金试图发现隐藏在混乱中的意义和特殊秩序，并试图去创造这种混乱的秩序和没有意义的"意义"。他将建筑比作文字，因此，人们得以在他的建筑和绘画作品中创造、探索和自寻意义。1985年，他为威尼斯双年展

图 1.6 李伯斯金的作品 (Daniel Libeskind, The Burrow Laws, 1979)

制作了一系列精巧的机器，它们由阅读机器、记忆机器和写作机器三个模型机器组成。他用这些机器来描述西方文明的一系列构造世界的企图。其中的写作机器颇有意思，这架机器揭示了工业社会通过高生产力的技术和机械来对世界进行简化和工艺再造的疯狂行为。李氏通过模型机器来隐喻西方历史和文明对世界进行看似理性的技术构造过程，实际上是在疯狂地、非理性地追求错误的目标，一而再地发展高技术来对人们本已掌握的世界进行再构造。例如，"高技派"发现了关于构造世界的机器和工业生产观点，但他们所做的无非是提出一种生产力较高的技术和机械来对世界进行构造，这种改造是通过对建筑和世界进行一种简化活动和对原来的生产工艺进行重构来进行的。结果科学技术、工业生产和机械的作用并没有改变人类的本质状态，只不过是将精力放在重复、浪费和微乎其微的技术和机械改进上。李伯斯金用模型机器来批判现代主义对工业和机械的拜物主义，因此，他的思想和作品是对现代技术社会的一种批评，这与阿多诺和海德格尔等人对西方技术社会所进行的批判相似。

现代技术主义并没有对现代主义有关机器建筑的思想持一种批判的精神，而是沿其道路继续发展。而技术羽化主义（Tech-Morphosis）则对机器和技术持有批判和怀疑的态度。

2. 技术羽化主义

"技术羽化主义"与位于洛杉矶的"摩菲西斯集团"(Morphosis) 早期设计活动有关。当时该集团是由汤姆·梅恩 (Tom Mayne) 和 M. 罗汤迪 (M. Rotondi) 组成的事务所。摩菲西斯取自英文"Metamorphosis"的后半部分。建筑评论家艾伦·拜斯基 (Alan Betsky) 用 Tech-Morphosis 来形容那些类似于梅恩等人在设计中采用重视现代技术、材料和工艺手法的建筑师所进行的建筑实践[4]。

机器建筑研究的一个较为重要的事件发生在 20 世纪 80 年代的纽约，当时来自美国国内的六位青年建筑师汇集在曼哈顿一间工作室中讨论和交换有关建筑的观点。他们是 N. 德纳里 (N. Denari)、T. 克律格尔 (T. Krueger)、K. 卡普兰 (K. Kaplan)、C. 舍尔兹 (C. Scholz)、P. 普福 (P. Pfau) 和 W. 琼斯 (W. Jones)。1986 年，他们

[4] Alan Besky, *Violated Perfection* (New York: Rizzoli Press, 1990).

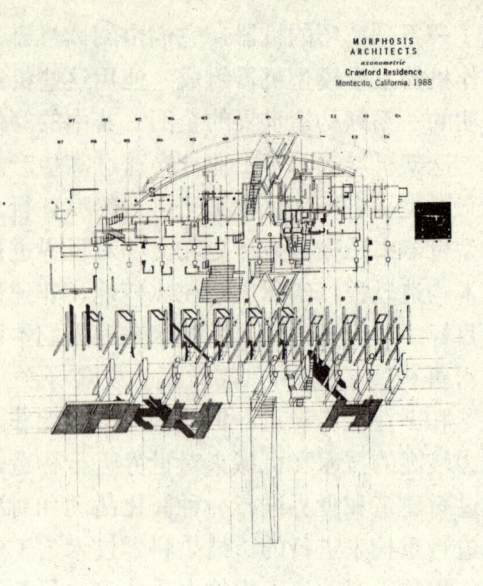

图1.7 摩菲西斯设计的克劳复住宅 (Morphosis, Crawford Residence, 1988)

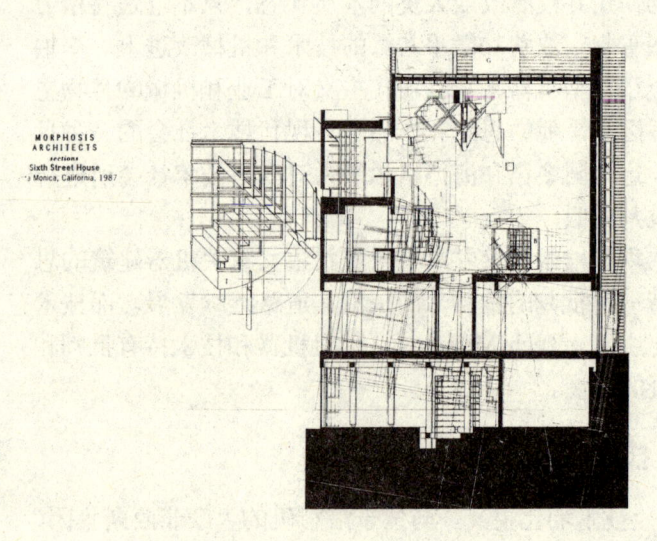

图1.8 摩菲西斯设计的第六街住宅 (Morphosis, Sixth Street House, 1988)

举办了一个有关"机器与建筑"的展览,其初始目的是反对后现代主义表面和肤浅的假古典和历史主义,更为重要的是他们将中断了的机器与建筑的讨论重新拾起,使得机器建筑的研究在80年代中期以后活跃在美国建筑舞台上。不过,他们对机器与建筑关系的观点已经与现代主义大异其趣了,因为他们对机器和技术明显持有怀疑的态度。

德纳里的作品采用现代机械,尤其是直升机、飞机和轮船这些能够在空中或水上浮动的特殊机械形式。他认为机器是描述事物的工具,同时又可以表现机器自身的状态,这就与那种为机器而机器、为技术而技术的观点不同。在"伦敦太阳能时钟"方案中他使用与热功原理、太阳能转化机制有关的机械部件制作了一架精致的机器,从而表现了机器是描述事物的工具(在这里表现了太阳能的特殊性)的设计原则。在这件作品中,各种复杂的建筑部件和弯曲的表面已经开始表现出典型机械特征,而几年前他在"东京国际论坛大赛"的获奖作品简直就是一座停泊在陆地上的宇航器。德纳里喜爱现代机械是有其家庭和个人背景的。他的父亲是直升机工程师,他本人毕业于休斯敦大学。休斯敦是美国航天工业的中心,在那里,德纳里得以参加休斯敦大学的建筑空间研究计划。后来前往哈佛大学设计学院,在那里,他开始对科学哲学发生兴趣,毕业后前往巴黎一家航空直升机的设计制图部工作。这些经历为德纳里创造一种"奇异的新世界"打下了基础。他对各种与人类生活和生存密切相关的新技术感兴趣,并将新科学技术运用在建筑上。德纳里对纽约"亚当住宅"方案进行科学哲学的思考时,意识到了所谓认识论的危机,例如,他提出:建筑是否等于科学仪器和设备的堆积?经过对建筑机器主义的研究之后,他便开始对人类社会所谓科学技术的进步产生怀疑。柯克早年认为,一些建筑师禁不住对各种新奇的科学和技术发明的诱惑,而将各种新奇发明放入解决建筑功能问题的百宝箱中;另一些建筑师则受到新技术风格和形式的吸引,而不加选择地使用[5]。德纳里对此深有同感,他认为这就是为什么公众普遍认为科学通过强制建筑师采用令人不愉快的现代形式来扼杀建筑。他进而认识到不能被动地反映技术,而应采取主动启发和创造式的态度。德纳里在设计中极度强调形式,但他又认

[5] Peter Cook, *New Sprit in Architecture* (New York: Rizzoli, 1991).

图1.9 德纳里设计的西海岸大门竞赛 (Neil Denari, West Coast Gateway Competition Project, 1988)

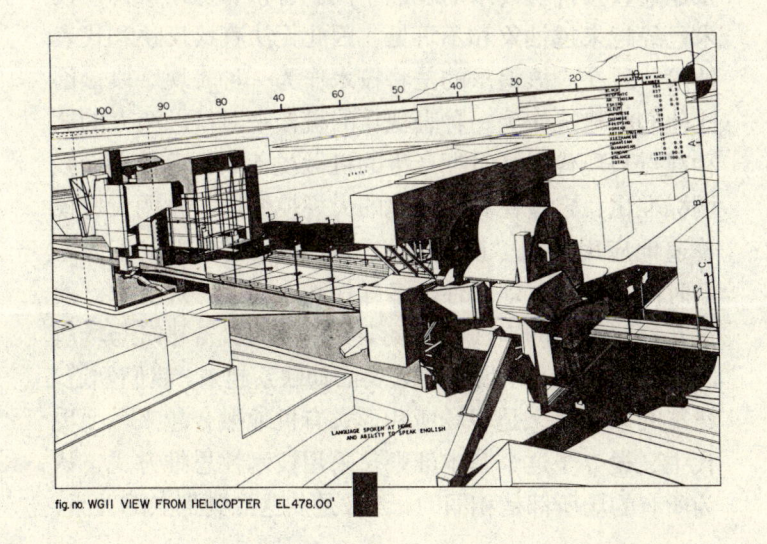

为，正确理解建筑机器主义的方法不是去看其形式，而是看其意向。大概这就是建筑机器主义者典型的二重性格。

德纳里最终认为，建筑同科学的处境相同，都在自我毁灭地寻找着自我。这种观点与 20 世纪若干哲学家如本杰明、T.W. 阿德诺 (T.W.Adorno)、胡塞尔和海德格尔的观点有着某种相似，他们都对科学技术的"进步"，人类社会的"发展"和未来的关系持有保留态度。德纳里的这种观点至少得到哈尔·福斯特 (Hal Foster) 和 R. 麦卡特 (R. McCarter) 的赞同。福斯特指出，技术并非自主的，只是到了今天技术才如此广泛地控制着社会，他认为马克思有关社会的学说，即所有的科学都被用作为资本服务的理论，只是在资本主义后期才成为事实。技术科学使建筑这门学科"解体"，这才是真正的"解构"。建筑师所使用的"体量"和"空间"被转换为"新机械"与"速度"。因此，福斯特提出要有抵抗性的建筑，抵抗机器、科学技术与技术机械美学对建筑所进行的侵蚀，这才是"后工业社会"建筑师所面临的挑战。

卡普兰、克吕格尔和肖勒等人的作品抓住了机器的"活动"特点，强调机器的可调节、可活动、可变化、可操纵、可控制的部件——支点、关节、轮子等被现代主义忽略的机器构造。普福和琼斯则将机器的活动性能运用在他们的作品上，例如，在宇航员纪念馆和查特住宅 (Tract House) 中，他们就把建筑作为表现媒介。他们对现代主义的简化和抽象不满意，而主张"表现化的建筑"，即将技术作为表现建筑的手段。这与现代主义主张建筑直接再现技术的观点不同。普福和琼斯认为，技术已经越来越抽象和不可见，因此无法直接反映和代表技术。现在应该追求的是将技术作为一种表现手段，因此他们将建筑作为一种表现化的机器来对待。两人的这种观点与现代主义时期产生的机械观不同。现代主义强调标准化、定型化和工业化的大规模制造，强调大规模普遍地应用所谓"最佳技术"。因此，现代主义不太考虑时间、地点、地域性、多样性和人们的特殊要求。而这几位建筑师的实践则将复杂、精致的机器建筑与场所的特殊性质和其中发生的人类活动联系起来。我们知道，建筑的基本概念是将场所和形式有机地融合起来，而现代主义抛弃了这个基本准则，采用技术性思维方式，认为所有的场所都是相同的，无非是从这点到那点的关系，

一、机器建筑

所有的物质实体均受制于科学定量，所有的形式也是相同的，由此，形式和场所之间没有了特殊的关系。普福和琼斯批判了现代主义建筑师只重效率，轻视人类经验，并将工厂"效率"与建筑表现混为一谈的错误倾向。他们认为，现代建筑运动期间的建筑师偏爱所谓"效率"，甚至认为大规模生产的技术是最佳的。现代主义者们崇尚直接表达这种"客观"的大规模工厂生产所产生的形式，这实际上是一种对扭曲了的价值观的崇拜。为使建筑具有个性、具有明显的可见性而非混沌一片，建筑师通常不得不在一定程度上牺牲效率。而那些宣称"效率"才是最终标准的建筑师们所创造的建筑却失去了表现的空间，他们的建筑变的没有思想、缺乏新意、枯燥乏味。普福和琼斯认为柯布西耶做得比上述建筑师要好，虽然他高喊工业生产和机械效率，但在设计上他知道必须牺牲效率以获取其他的东西——表现、人性和经验。据此，普福和琼斯不同意建筑要表现效率和工业化大规模生产的观点，相反，他们认为机器自身就是一种表现，因此要对机器的形式进行研究。他们认为机器不应是导致人类从自然中异化出来的原因，而应是解决这种异化的手段。为了改变机器非人性的一面，在机器建筑的设计中应重视人类的生活经验、生存意义、社会价值观和场所精神，而不仅仅是功能和工业生产效率。

正是这种对待技术、机器和建筑的态度使得技术羽化成为建筑的组成部分。羽化了的技术是为了获得建筑的特定表现形式，以这种态度和方式技术被转化和超越。在这里技术成为建筑的主要部件，而不是用建筑去表达和反映技术的那种现代主义。从而体现了技术羽化主义的要旨。弗兰普顿在《建筑；机器》一书的后记中指出了技术羽化主义的要点，他认为"新建筑机器主义试图将建筑返回到结构、工艺和富有诗意的构造领域，而不是毫无缘故地将建筑放置在抽象形式的美学领域"[6]。当时的技术羽化主义者大多是些中青年建筑师，他们对构筑物、零件和机器的关节和结合十分着迷。在他们看来，人类对世界的干预本质上是一种对世界的操作活动。这种操作活动建立了人类社会的基础。人类对世界的干预和操作活动需要借助某种外延，这种外延早期是简单的工具，在当代则为机器。工具和机器限定了人类社会的关系，因此这些建筑师将限定或促进人类关系的建筑转化为机器的形式也就不难理解了。

[6] Robert McCarter, *Building; Machine* (New York: Pamphlet Architecture, Princeton Architectural Press 1987), p.61.

日本建筑师高松伸（Shin Takamatsu）、洛杉矶建筑师埃里克·欧文·莫斯(Eric Owen Moss)和摩菲西斯集团的一些作品都含有技术羽化主义的特征。他们的建筑作品强调建筑中的技术部件，甚至将设计转化为对建筑中技术和设备的精雕细刻，设计成为连接门窗、浴厕、结构要素和各种建筑设备（空调和水暖）和装置的活动。他们认为机械制品是人们在空间中赖以生活的手段，因此建筑就不再是关于空间、功能和尺度的学科，而是关于创造一系列机械部件的学科。德纳里还将象征高技术的机械形象——如宇航器、飞机、直升机和舰船等——用于建筑方案中，于是建筑的形象设计便转化为对高技术机械构造、节点、结构和工艺的设计。

但是技术羽化主义常常走向极端，这不仅使人们产生疑问：建筑与宇航器设计者之间的区别在哪里？人们也许应该认识到，在建筑领域谈借助机械和技术羽化问题，即使用机械技术来羽化建筑，其目的和结果应该是机械技术的使用是用以表现建筑和建筑性的，也就是使用技术而能超脱技术，通过技术手段的使用将技术"羽化"，使人们不去留意技术而产生一种崭新的建筑。但是，技术羽化主义者们所达到的结果却正好相反，有时他们使用技术反而令建筑消失，使得建筑失去其意义和本质，建筑反而转化为技术和机器，转化为一种浪漫主义的机械表现形式。

3. 机械乌托邦

机械乌托邦是建筑乌托邦在现代社会的表现，它植根于当代社会先进的科学技术，又超前并跨越了这些科学技术的局限，将可见和不可见的科学技术用在幻想或奇异的城市和社会构造中。建筑和城市乌托邦的一个特点是将事物推向极端，其典型思维方式是设想一个极端社会，这个社会要么是极端理性的，要么是彻底非理性的。乌托邦幻想者根据这两个极端分别提出理想式的或超前、荒诞的建筑世界。当代乌托邦的一个口号是"彻底地解放"，该口号是对现代主义那种理想、抽象和分析的目的论的反动。当代机械乌托邦借助技术手段和机器的特殊性能，在各种新奇的建筑和城市方案中试图使人类从地球引力、透视、气候、风格和其他各种习惯传统中解放出来，使人类进入一个更美好的世界。"建筑电讯派"的"插座城市"和"行走城市"是机械乌托邦在建筑历史上的重要事件。在此之前，人类社会和建筑历史中虽有乌托邦，但没有机械乌托邦。机械乌托邦的出现需要工业和科学技术的长足进步以及科学上的重大突破作为基础。西方工业革命虽有数百年历史，但真正能够引发人们奇想的重大进展发生在 20 世纪 60 年代，尤其是美国登月和宇航计划成功之后。此外，工业革命的成果真正转化在建筑工业上不过发生在 19 世纪中后叶。1910 年以圣伊利亚 (S. Elia) 为代表的意大利未来主义创造了具有未来和幻想气质的作品，发展了一种宏伟、大尺度和适应高速运动社会的城市建筑形象，从而开始了未来主义的建筑乌托邦活动。俄国构成主义、包豪斯和柯布西耶等为乌托邦引进了技术和机械的因素。美国建筑和结构工程师富勒发展的新结构以及有关的建筑形式亦引起人们的幻想。所有这些活动都为建筑电讯派的出现打下了基础。弗兰普顿认为建筑电讯派信奉高技术、轻质量和大型基础结构。他们沉湎于科学幻想式的、具有讽刺意味的城市形式，而未将注意力集中在可行的和为社会所接受的城市建筑形式上。他还认为，建筑电讯派更感兴趣于具有魅力的空间时代形象[7]。弗兰普顿对建筑电讯派的描述实际上指出了今日建筑乌托邦的典型特征。

　　科学幻想和空间时代的城市社会和建筑形象是什么样的呢？人们又该如何表现这种形象呢？其实，对这种形象较为恰当的表达媒介是电影，西方影视界采用各种摄影技术和摄影棚模型创造出迷人的大空间时代的幻象。例如，美国电视连续剧《星际旅行》已经连续摄制了几十年，其他有关空间旅行和星际大战中的城市建筑形象对建筑师也有一定影响。在过去三四十年中，机械乌托邦的形象大多是为电影制作而设计的模型，建筑师借此得以逃离现实的情景而投入星际空间的世界中。这些电影使人们相信技术可以使人类彻底地从地球、引力、尺度或任何社会传统约束中解放出来。同时也表现了先进的技术有可能将人类带入一个更加封闭、隔绝和危险的世界。这个世界有着宇航器的室内特点：大型穹顶空间、没有尽头的金属走廊、令人眩晕的空间、金属触角以及没有界限的各种微妙空间，建筑呈现出室内化的特征，有时看上去又是无限的或是无法与技术、机械等内容分离的。

　　今日已实现的稍具机械乌托邦特征的建筑是位于美

[7] Robert McCarter, *Building; Machine* (New York: Pamphlet Architecture, Princeton Architectural Press 1987), p.61.

国亚利桑那州的被称作阿克桑底(Arcosanti)的社区。这是由意大利建筑师保罗·索莱利(Paolo Soleri)于20世纪70年代构思的,其构思植根于生态建筑的概念。作为一种方法论的生态思维认为有必要对今日铺展的城市景观进行根本重组,将城市设计为高密度、混合的城市空间。值得提醒的是作为建筑和城市的阿克桑底本身并不具有典型的机械乌托邦特征,它主要表现了今日科学技术,尤其是生态技术和环境技术的进展。

20世纪80年代以来机械乌托邦领域有了不少进展,各种设想、方案频繁出现。例如,较有影响的美国建筑师迈克尔·索金(Michael Sorkin)的一系列新技术时代的作品,这些作品使用高强材料、工业生产、机器造型,又有生态、生物等有机形态和新空间时代的形式特征。他说:"每个建筑师都应该通过自己的特殊方式来创造新颖的建筑"[8]。他的"模型城市"就是典型的乌托邦城市模型。

近年来,机械乌托邦的主要成果是由美国建筑师利伯乌斯·伍茨(Lebbeus Woods)创造的。伍茨是今日机械乌托邦和空间时代城市建筑的幻想家。他在1985年至今一系列的作品,如"中心城市"(1986-1987年)、"空间生活实验室"(1987年)、"地下柏林"(1987年)、"空中巴黎"(1988年)、"柏林自由区"(1990年)、"新城"(1991年)都表现出他的城市乌托邦幻想。索金称"伍茨的大胆想象是具有活力和复原性质的。他的幻想城市并非未来实际的,也不是功利的,而是为广泛地解放人类的想象力而创造的"。阿隆·班斯奇(Aaron Betsky)则认为"毫无疑问伍茨是最有说服力、最迷人的神话创造活动的代表"[9]。伍茨说:"在我的作品中有一个承诺,那就是不仅对那些为现存的生活方式服务的建筑感兴趣,我更感兴趣于一种新的可能的生活方式"。他的"地下柏林"和"空中巴黎"方案及其一系列精致的艺术表现图就是为这种新的实验性生活方式服务的。地下和天空成为特殊的生活实验。在设计了一些天象台、飞船和航天器之类的作品后,伍茨开始构想新型的城市和世界。在一系列新世界作品中,"中心城市"是较为早期的作品。该作品后来成为他第一部出版发行的专题作品集《一五四》(One five four)[10]的主题。在这部著作中,伍茨将他的"中心城市"作为一个实验生活的场所。在这个实验场所中的生活需要依靠高技术,需要细致的技术活动。由

---

8 Michael Sokin, "Nineteen Milleanial Mantras", in P. Noever ed., *Architecture in Transition* (Munich: Prestel-Verlag, 1991).

9 Alan Besky, *Violated Perfection* (New York: Rizzoli Press, 1990).

10 L. Woods, *OneFiveFour* (New York: Princeton Architectural Press, 1989).

此，生活成为通过技术这种媒介进行自我观照的活动。他的"中心城市"由金属平台构成，城市中的各种市政网络用来联系空间，建筑从而变成一系列联系生活在世界中居民的生活实验室和工具。这部著作主要由建筑画组成，其中的表现图表现了这种城市形象。伍茨的乌托邦城市和建筑虽然没有晦涩的理论和方法，但却需要有艺术形式和科学幻想上的天才。英国建筑评论家彼得·诺埃瓦 (Peter Noever) 在为《建筑设计》杂志出版的《利伯乌斯·伍茨》的建筑专集写的序言中说："将建筑作为建筑来理解需要某种超人的性质。伍茨这位站在建筑边沿的形而上学的建筑师完成了人们在极限内无法完成的事情。"他还认为："伍茨当然不是一位解构主义者，他既不使用解构方法作为一种懒惰的借口，也不将解构方法作为发展一种不同建筑表现的所谓权威理由"[11]。伍茨的乌托邦在目前甚至将来均难以实现，但他至今出版的几部作品集均有很高的艺术价值。

当然，一些建筑师对科学技术的"不断"进步，对机械技术和未来社会抱着怀疑态度。他们对这种发展所带来的"福"与"祸"持警惕态度。他们的思想表现在一些乌托邦建筑作品中就是一幅荒凉、败落、空间事故或核灾难后的情景，荒凉的世界中仅留下一些机械、高技术建筑、城市和空间旅行器的残骸。

新建筑机器主义虽然强调现代科学技术在建筑中的表现与运用，但其内部也因侧重点不同而有不同的表现，有时甚至是南辕北辙的。这种对现代技术和机械所表现的矛盾态度清楚地表现在《建筑：机器》一书中，书中弗兰普顿写了一篇平和中庸的短文后，索金和哈尔·福斯特各写了一篇针锋相对的文章。索金在文章中认为："建筑不可避免地要重归机械主义……这是建筑未来的希望"。福斯特则说："相信技术万能，无论是彻底地信仰，还是彻底的宿命论；无论是草率地相信技术，还是被动地受技术权威逻辑的束缚，这两种态度我们都要拒绝。"其实，如果我们分析一下建筑与机器这两种人造物在本质上的区别，就可以得出自己的结论：建筑是人类场所经验的基础，它是关于某个特定地点、场所和其存在的经验，它必须是静止、恒定、平衡的。相反，机器则必须是运动的，是将能量转化为运动的工具，它可以在空间中从一点移到另一点，机器是不属于任何固定场所的。因此，当人们将建筑作为机器来对待时要格外

11 Peter Noever, *Lebbeus Woods* (Academy Edition: St. Martins Press, 1992. Architecural Monographs No. 12), p.6.

小心，因为在空间中作为一个实体的机器是不可能参与大规模秩序的创造活动的，例如，城市、建筑综合体等。因此，麦卡特在《跳出转门：建筑和机器》一文中强调"将机器作为建筑设计的一种启发和灵感的来源有一种潜在的危险，因为人们有可能错误地将决定机器的那种技术思维用在建筑决策和设计活动中，用在决定建筑和居住在其中的人类生活上"[12]。他认为，机器并不具有意义，因而看起来是中性的。但这种所谓的中性具有危险性，因为如果人们接受机器不具有意义的概念，就有可能不加思考地使用它们。这样，人类就冒着被"技术进化"彻底控制的危险。海德格尔认为"技术性思维"的特点是其控制和主导自然，这种思维也同样试图控制和主导人类。在技术思维中，实用、经济、有效自身反倒成了最终目的，而非为了达到其他目的的手段。在这种思维中"存在"被代之以"有用的在"。因此，今日人们应该对由现代主义发起的机器技术主义持有怀疑的态度，保持一种清醒的头脑。

麦卡特还认为，德纳里等六位建筑师的作品试图抵制当时流行的后现代建筑而发展出来的新形式。后现代建筑形式是在科学和技术快速发展的情况下产生的，在当时的历史条件下，后现代采用了简化和表面化的历史形式对现代建筑进行抵抗。他认为在科学技术飞速发展的时代，人们不仅需要创造一种更为恰当的形式，更重要的是理解和抵制实用经济决定论，抵制将建筑设计转化为纯技术工具的设计。他认为主导当代世界的实用经济决定论所产生的建筑形式是精确的技术产物，海德格尔将其称为"没有想象力的活动"。早在柯布西耶在《走向新建筑》中抨击历史对建筑形式的主导作用时，技术思维已经日益起到主导现代世界的作用。海德格尔在《有关技术的质疑》[13]中指出，技术思维和技术决定论具有控制和主导自然的倾向。由于人类是自然的一部分，技术思维也试图控制人类。在技术思维中，效率、经济和实用这些手段成为这种思维的最高目标，却并非是达到其他更高和更完美目标的手段。在这种思维逻辑中，"存在"衍化为"有用的在"，而且这种"有用"也只是在经济、效率、和收益等方面来加以衡量的。

让我们认真思考一下技术的本质。技术实际上同自然一样都处于一种永无止境的变化发展中。人们之所以对技术感兴趣，就在于其所谓的"进步"性。进步看似

12 Robert McCarter, "Escape from the Revolving Door: Architecture and the Machine," in Robert McCarter, *Building; Machine* (New York: Pamphlet Architecture, Princeton Architectural Press 1987).

13 M. Heiddeger, *The question Concering Technology*. [见 Robert McCarter, *Building; Machine* (New York: Pamphlet Architecture, Princeton Architectural Press 1987)], p.12.

具有历史线性发展的性质，实际上却具有典型的"轮回性"，因为它否认与过去的联系，因此不可能向未来发展，它仅停留在不断地以新技术代替旧技术的进步上。因此所有技术产品均成为消费品，手段成为目的，进步也就失去了方向。现代主义提供的工业化生产和标准化是技术性思维的典型表现，技术性思维的价值主要在于最大限度地实用普遍和统一的方法、过程和技术。例如，标准化的人工照明、温度和湿度调节，建筑预制件、结构系统、构筑方式和基址准备等，这使得建筑师面对不同地区的气候、地质条件、文化和施工实践无所适从。而那种通过将传统作为中介和调节工具的理论和思想将传统作为进化的摇篮，在这个摇篮中，生活世界在物质和概念上得以实现，也就是说先存在的价值或传统会附着在片断上持续发展。这种理论表明不可能有一种普遍适用的大同和万能原则，这对建筑领域似乎格外适合。但是，技术科学恰恰具有这种可以国际化普遍适用的能力。技术加速和极限化了工艺生产和消费，加速了特大城市的发展和扩散，作为工艺和场所创造活动的建筑则被排斥在这个过程之外。从这点看，德纳里等六位建筑师的机器建筑思想和实践是十分有益的，因为他们在试图抵制现代主义那种统一和标准化的机器建筑观。阿德诺认为，从纯粹功能需要出发，人们就无法体验到技术，仅能体验到操作，如同我们在卓别林的《摩登时代》中看到的情景。麦卡特认为现代主义建筑对人性的关注不够，人被建筑机器通过运动的走廊、旋转门、电梯甚至简单的开启门一道道的工序加工处理。随后就是空调、恒温器、恒湿器、封闭的门窗和可调节的百叶窗。虽然这些都很技术和机械化，但是建筑在什么地方呢？对于人类来说，建筑应该是形式和场所的融合，缺少这一点就没有了建筑，只剩下"机器"。技术以及从中产生的机器原本是用来对自然进行探索的，但是今日的技术已失去了它的意义，最大经济效益的倾向代替了技术的本意。现代人类将经济和技术的思考置于人类基本价值的思考之前，结果是技术与人类分离而异化了。与此相应，由技术进化限定的世界也开始异化了。人类之间的关系相应地退化，退化到只剩信息交换的地步，退化到由是否有用来决定的地步。结果人与人、人与物之间的关系不再得以存在。阿德诺指出，抽象的力量就是消失。因此，技术性思维、机械化地对待建筑是有其危险性的。麦卡特认为，为抵制技术性思维对建筑的决定作用，建筑师有必要更深刻、广泛地研究人类与技术的关系，以便重新发现实验性和创造性的技术。

吉提翁是现代建筑理论家，他对科学、技术和机器的一些看法也许值得人们的重视。吉提翁认为对机械化的极限提出疑问是经常发生的，也是不可避免的，因为人文因素才是最根本的。他在《空间、时间和建筑》(1941年)一书中试图分析现代社会人类在感情和思想上的分裂状况[14]。在《机械占有统治地位》(1948年)中则通过研究机械化来揭示这种感情和思想上的分裂是如何造成的，他在700余页的著作中首先简短地叙述了机械化的历史，随后采用分类法详尽地分析了各种与人类居住生活直接相关的机械，从家具、厨房设备到浴室、清洁设备等。他在书的结尾指出，由于机器和机械化与人类的分离状态和其难以驾驭的性质，因此对人类具有更大的威胁。控制机械化需要由比生产工具更强的力量和优势来完成。他还认为在技术社会早期，尤其是20世纪初，人们充满了对技术社会永无休止的进步的向往，第二次世界大战后不再有人抱有这种幻想。但战后经过一段和平环境，崇信技术进步的思想又有了统治地位。在这种情况下，让我们重温吉提翁对黑格尔社会进步理论的分析：黑格尔的进步观是建立在肯定有一个完美的最后阶段，进步是在这种最后阶段已经到来，或将要到来的情况下发生的。但是，科学却揭示了宇宙的永恒真理，那就是运动和永恒的变化，由此否定了终极进步的概念和幻想。

14 Siegfried Giedon, *Space, Time and Architecture* (Cambridge: Harvard University Press, 1958).

图 1.10 霍特-辛绍-普福-琼斯集团设计的行列住宅 (Holt, Hinshaw, Pfau, Jones, Tract House, 1986)

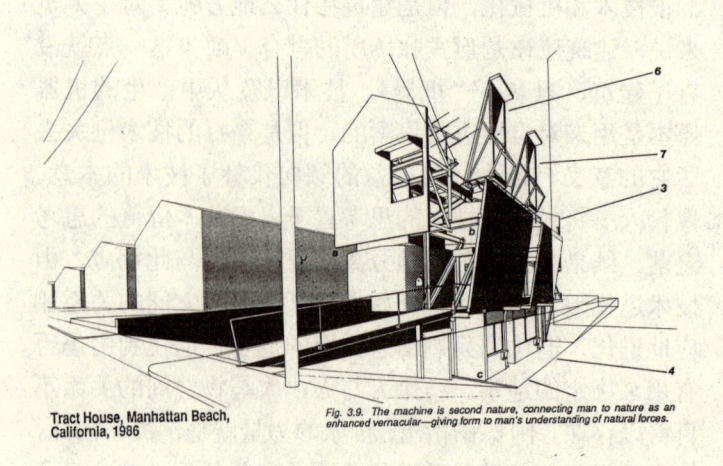

一、机器建筑

柯布西耶的《走向新建筑》奠定了机器主义的理论基础，但是班海姆认为该书条理混乱，思想和理论自相矛盾，像是一部由一系列狂乱、扩张的修辞和口号拼凑起来的短文集。该书共有三部分，其中第一和第三部分讨论建筑，第二部分是有关机械（器）的。班海姆将这两个内容分别称之为"建筑学术性"的和"机器论"的。柯布西耶的机器论观点认为建筑和住宅的生产应该采用工业化的批量生产。他说，"我们必须创造大规模生产的精神；大规模生产的住宅精神；生活在大规模生产的住宅中的精神；对大规模生产住宅抱有理想的精神"[15]。柯布西耶的这种观点已被20世纪40-70年代泛滥的大批量生产的现代建筑实践所否定。今日的建筑机器主义实践则证明建筑机器主义难以大批量生长，都是精雕细琢的，工艺复杂，耗资甚巨。而且机器自身与建筑、实用工艺品和艺术品一样都有风格、形式和式样的问题。因此没有一种统一的、简单的机器形式和生产方式。

《走向新建筑》中有关建筑形式构造的三个重要组成部分的思想指出了建筑形式构成的关键，即强调建筑的"体"(mass)、"表面"(surface)和"平面"(plan)。柯布西耶指出，建筑中的体块是由面包裹的，而被"体"的走向和"体"的形成线所分割，由此赋予了"体"以个性。这个形式理论成为当代设计中衡量建筑形式美的试金石。新建筑机器主义者们在机器建筑的研究中极端强调这三个领域，使用高强材料来充分体现"体"和"表面"的个性和特点，将"体"和"表面"作为体现机器性质的两个重要领域，精雕细琢地将建筑的体和表面塑

15 Le Corbusier, *Towards a New Architecture* (New York: Hoh, Rinchart, and Winston, 1960).

图1.11 霍特-辛绍-普福-琼斯集团设计的宇航员纪念碑 (Holt, Hinshaw, Pfau, Jones, Astronauts Memorial, Kennedy Space Center, 1988)

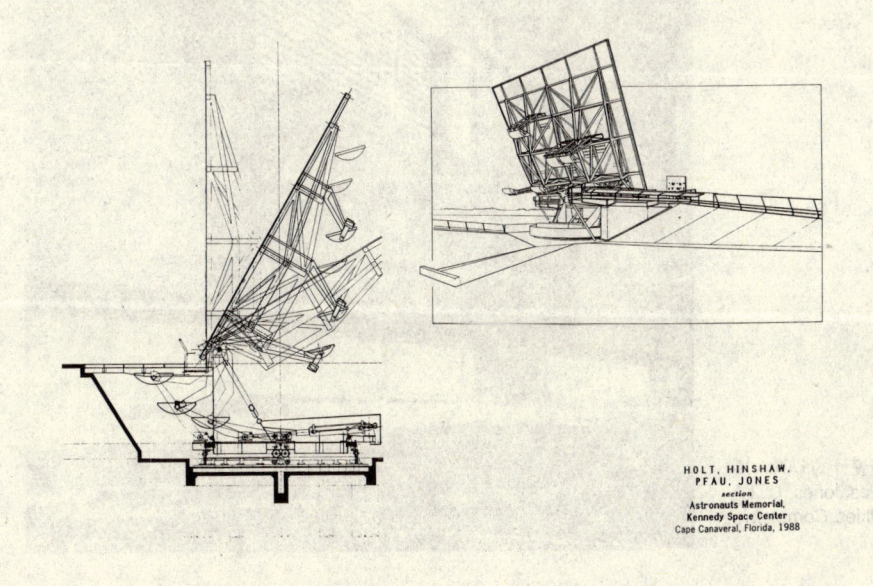

造的具有机器的形式特点，尤其是以柯布西耶一再强调的轮船、飞机和汽车这几种机器形式的特点为蓝本，对建筑的"体"和"面"进行设计。这种现象在德纳里和霍特-辛绍-普福-琼斯集团，尤其是后来从该集团分离出去的琼斯的作品中体现出来。

赖特在现代建筑运动初期也曾对建筑技术和工业生产发表过不少言论。例如，1902年在芝加哥的著名讲演中他曾抨击在机器时代利用机器及其技术来仿制古典建筑形式、装饰和母体的现象[16]。虽然赖特言之凿凿，但他说的也并不全面。如果按照他的逻辑，在机器时代利用机械技术不该去仿古，那么利用机械技术应该创造或"模仿"什么呢？是否就应该像他所说的那样表现时代

16 F.L. Wright, "The Art and Crafts of the Machine" in L. Manford ed., *Roots of Comtempprary American Architecture* (New York: Grove, 1959).

图1.12 琼斯设计的 UCLA 冷气设备综合体 (Wes Jones, UCLA Chiller Plant/Facilities Complex, 1987-1994)

的形式，像现代主义那样表现工业化、机械化大规模生产和标准化？换句话说，建筑转而表现"效率"和"经济"，而这种"经济"的观点、"效率"的观点和工业化标准的观点早已被马克思、阿德诺和海德格尔等西方哲人进行了剖析和批判。还有一点值得提出，那就是现代主义的"工厂生产"观，本质上是将建筑美学异化为"机器美学"，而现代主义"机器美学"的标准是建立在"经济"和"效率"上的，因此这种机器美学亦非彻头彻尾的机器美学，而是经济效益论的实用机器美学，是工厂标准化生产的效率"美学"。此外，还有几条路可走，一条是走当代汽车和时装工业的路子，无非是玩年年外表换新的把戏，但又与用技术仿古有什么本质不同？另一条是走高技派、技术羽化主义之路。但那只是探索性的建筑，既不经济，也不效率，更非大众的生活场所。由此看来，建筑机器主义已经失去了从现代主义那里继承下来的理论基础和指导方向。在这种情况下，新建筑机器主义的特征就表现为零散而多样，发展出许多侧重不同、理论观点不同、形式风格迥异的新机器主义流派。所有这些流派均试图将自己的理论思想和设计实践推向极致，于是产生某种近似疯狂的新建筑机器主义综合症。

机器是一种社会产品，一种大众消费品。与此现适应的是，人们只重视机器的外表，而漠视其内在的结构和"机械"性，没有人感兴趣揭示机器内在的、更为本质的内容。人们对机器的评价标准很大程度上建立在与时尚、风格和市场商品研究等相关领域上。明显的例子是一年一换的"改进"汽车模型，其实汽车的本质并没

图 1.13 琼斯设计的高山小屋
(Wes Jones, High Sierras Cabins, 1994)

有改变,改进、推销、赢得人们青睐的只是表面的"包装"。机器建筑的发展与此相似,内在的结构是由技术和经济决定的,而外表和包装则由时尚决定。我们不要去评判机器建筑和其他工业品的这种两重性的优劣;也不要进行两分法将其割裂开来,肯定内在的技术、经济和生产力度合理性,否定外在的包装。相反,应认识到机器建筑表现的这种性质反映了人类社会的特点和人类对待产品的天性,人们应当正视它。认识了这一点,就能认识到机器建筑是不能脱离人类社会和人类天性而独立存在的;认识到这一点,就不会重新走上现代主义乌托邦的道路。机器建筑是现代建筑在当代的持续发展,它表现出早期现代建筑所追求的一些目标和理想。不过现代建筑发展早期面对的工业化、标准化和效率等问题已成为历史。因此,建筑机器主义在今日所追求的就不免转入纯形式的探索。

二、城市和建筑乌托邦：
　　　理想城市和建筑

　　建筑设计、城市设计和城市规划，由于与人类社会和生活紧密相关，因此通常与社会改良思潮和运动联系起来。社会改造又经常是通过物质环境的改造开始和达成的，所以建筑和城市便成为热心社会改造的知识分子们的实验场。社会改造的实验场通常是在更为具体的物质环境中进行的，最为直接的表现便是城市改造。社会改良者借助物质环境的改造来达到改良社会的目的。在传统社会中，人造环境的形式、格局和制度不仅反映和体现了人类社会的制度，而且起到执行和强化这种社会制度的作用。各种社会，如前工业社会、工业社会，和后工业社会中的城市建筑都表现出这种情形。在现代社会，具有激进思想的建筑师、城市主义和社会改造者试图打破这种局面，去创造一种自由和开放的人造环境。

　　城市和建筑乌托邦将建筑和城市作为一种社会改造的实验场，在这样的实验场中，建筑和城市被认作是表现"意义"的场所。建筑和城市无疑具有意义，而且是一种具体的、物质的社会改造工具。它不仅要表现某种意义，而且要执行和强化这种"意义"或"秩序"。乌托邦是历史上人类智慧创造出来的"理想"城市建筑和社会。从某种程度上说它也是人类的一种信仰，这种信仰认为可以忽略自然条件的限制去创造完善理想的城市和社会。

　　社会激荡的时代通常也是城市和建筑领域出现大胆、激烈、创新和变革式的理论和实验性尝试的时代，它提供了产生新思想、新理论和实践的最佳土壤。19世纪末20世纪初俄国大革命前出现的构成主义理论和实践，20世纪60年代意大利学生运动期间的新理性主义有关城市形态和建筑类型的讨论都是典型代表。新思想、新理论和实践的极端便是城市和建筑乌托邦。城市建筑领域乌托邦思想和理论的典型代表有20世纪初英国埃比尼泽·霍华德(Ebenezer Howard)的"花园城"，20-30年代柯布西耶的"光辉城市"，40年代赖特的"广亩城"，60年代英国建筑电讯派的"行走城市"、"插座城市"，70年代库哈斯等人针对曼哈顿所进行的一系列乌托邦作品实践，以及近来美国建筑师利伯乌斯·伍茨的一系列新城市和建筑作品。20世纪现代城市

图2.1 霍华德的花园城图示
(Ebenezer Howard, Garden Cities of Tomorrow)

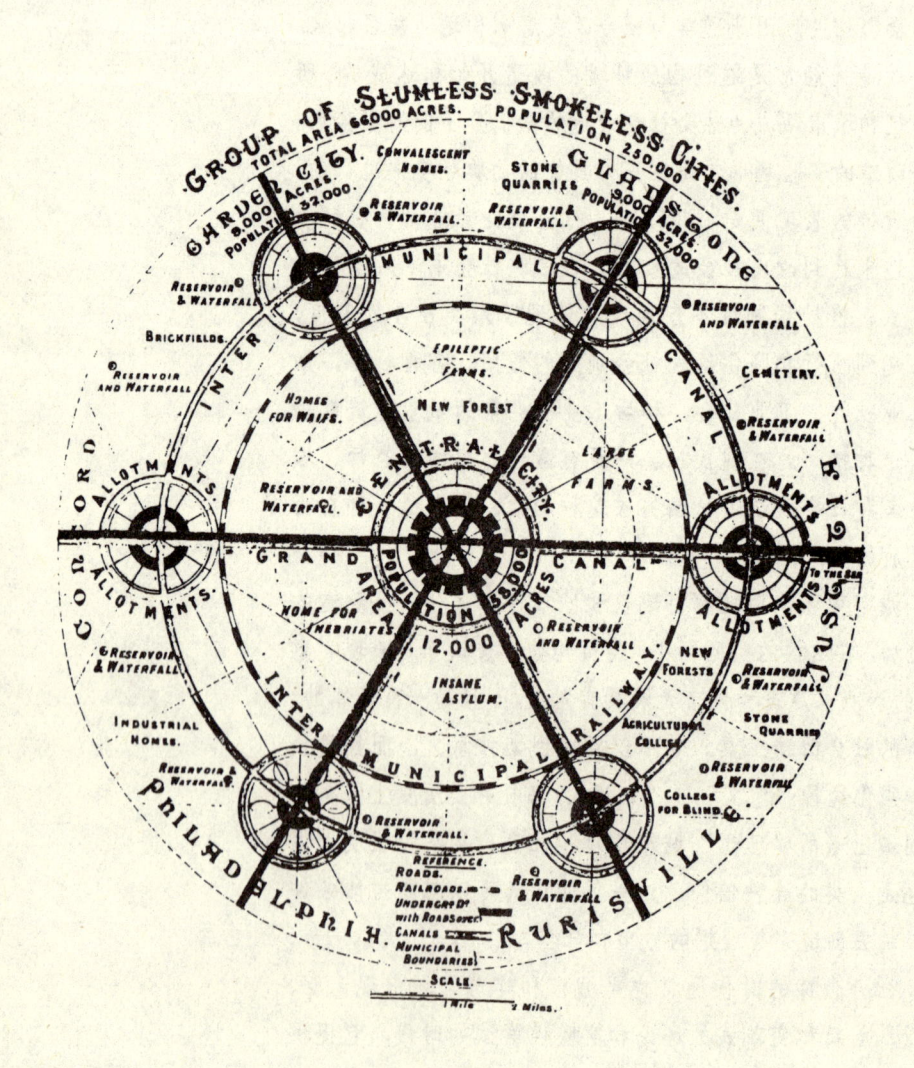

表现了现代技术的力量和美学观念，同时它也表达了一种执行社会正义的思想。这时期的乌托邦思想家和实践者们相信并且展望一种城市的革命性重建，他们认为这不仅可以解决该时代的都市危机，而且能够解决社会危机。

1. 乌托邦与城市建筑

自从托马斯·莫尔 (Thomas More) 的《乌有乡》(Utopia) 在 1516 年出版以来，它便成为文学领域乌托邦的原型。当然，更早的乌托邦体现在柏拉图的《共和国》一书中。城市方案和设想领域的乌托邦虽然与托马斯·莫尔的乌托邦原型不太相同，但乌托邦的精神尚在，属于更为广泛的乌托邦范畴。20 世纪早期，社会学家卡尔·曼海姆 (Karl Mannheim) 在作为被统治势力的权力系统支持的意识形态和作为反对派的乌托邦之间做了区别。这样他引进了如下的概念，那就是前者是固定、停滞、被动和反应式的，后者是能动和进步的[1]。在城市和建筑乌托邦领域，这种界限有时并不很清晰。在某些情况下，设计者所提出的建成环境试图强化一种现有的权力结构，这是一种社会理想化；在另一些情况下，设计和提倡一种良性的物理环境是为了带来社会变化，这就是一种社会乌托邦。因此，城市和建筑乌托邦所提供的最佳城市框架要么反映了最好的社会秩序和安排，要么引进一种可能的最好的社会秩序。毫无疑问，乌托邦和理想城市的幻想者们大多属于精英阶层，他们之中最早的要数柏拉图。柏拉图认为只有哲学家最有资格将人类社会纳入宇宙的秩序，从而在混乱和混沌中建立和谐与秩序。莫尔自称他想象的乌托邦是对柏拉图所梦想的共和国的一种具体化，从而实现了柏拉图的梦想。这种哲学家执掌社会的观点直到 17 世纪早期，在托马索·坎帕内拉 (Tommaso Campanella) 的《阳光城》(City of Sun) 中仍然占有地位。但是自文艺复兴以来，建筑师便试图将该重任从哲学家手中承接下来。乔·奥·赫茨勒 (Joyce Oramel Hertzler) 在他的《乌托邦思想之历史》一书中将莫尔、培根、坎帕内拉和哈林顿等启蒙时代的乌托邦思想家称之为"早期现代乌托邦"[2]。早期现代乌托邦的思想在现代和当代城市建筑乌托邦实践中得到了延续。

随着社会和历史的发展，乌托邦越来越具有可行性，1789 年法国大革命和工业革命前后 19 世纪的法国，第

1 见 Ruth Eaton, *Ideal Cities, Utopianism and the (Un)Built Environment* (London, Thames & Hudson, 2002).

2 Joyce Oramel Hertzler, *The History of Utopian Thought* (New York, The MacMillan Company, 1923).

一次世界大战前后的俄国和德国都有一些乌托邦出现。圣-西蒙、傅立叶、布兰克、欧文等一些被马克思和恩格斯称为"乌托邦社会主义者们"所进行的小规模社会实验几乎都是短命的。现代社会,尤其是20世纪后半叶来,人们开始对乌托邦的手段和其所要获得的结果进行质疑。于是产生了所谓的反乌托邦作品。这种反乌托邦式社会其实自身也是一种乌托邦,只不过是一种变相的乌托邦。反乌托邦所想象的世界是一种非理想化的地方,一个悲惨世界。

1898年霍华德发表了有关"花园城市"的著作,1902年经过重新编辑成为《明日的花园城市》(Garden Cities of Tomorrow)[3] 一书。霍华德具有革命精神,他原初的构想是将花园城市作为代替资本主义社会的一种手段。霍华德试图用花园城市去创造一个以合作为基础的社会,他严格地构画出新城市规划发展方向以及先进的实践手段,这包括各种城市规划的问题,即土地使用、设计、交通、住宅和财政等问题。他还将所有这些思想编织进一个更大的组织系统中,也就是创造一种完全不同的替代性社会,并获得这种社会所需要的纲要[4]。霍华德这一产生于19、20世纪之交的思想建立在传统乌托邦社会主义经验上,并对20世纪有着深远影响。在花园城市中,霍华德明确地表明希望通过物质环境的变化带来社会结构的深远变化。他深信与他同时代的19世纪城市现状是没有前途的,因为这些城市要么使得极少数人对劳动人民的剥削永久化,要么导致激烈的阶级对抗。他认为重新组织物理环境将会为社会进化到更为文明的阶段提供一个框架,他将提出的解决方案表现在"三磁铁"的图示中。在这个模式中人们为两种现存的物理环境:城市和乡村,以及与这两种环境相对的,被他称之为"城-乡"的第三种新环境所吸引。对他来说,城乡结合了城市的就业机会和乡村所具有的健康和充分空间的生活环境。他设想一系列由这样可容纳3万人口的城镇组成的集团互相联系,同时以更大的可居住5.8万人的城市构成城市中心。城镇和城市之间由快速交通系统联系起来,由此组成了多样和令人激动的"社会城市"。在他的设想中,公共娱乐和市政建筑布置在城市中心,中心公园包括市政厅、图书馆、展览馆、医院、音乐厅和讲演厅,小型市场、居住区和工厂位于城市边缘。霍华德强调,每个城市一定要有不同的特色,从而

---

3 Ebenezer Howard, *Garden Cities of Tomorrow* (London: Faber and Faber, 1965).

4 Robert Fishman, *Urban Utopias in the Twentieth Century: Ebenezer Howard, Frank Lloyd Wright, Le Corbusier* (Cambridge and London, 1984), p.34.

与托马斯·莫尔的那种单一形式的城镇形成了区别。

现代主义运动以前的乌托邦，不管其设想的乌托邦社会有多么美丽，都显示出很浓重的极权主义倾向。霍华德是现代主义运动初期第一位试图修正这种极权主义倾向的社会改良主义者。他的"明日的花园城市"试图纠正对他影响很大的、于1888年出版的霍华德·贝拉米(Howard Bellamy)的小说《Looking Back》中的极权主义偏见。霍华德试图在"花园城市"和其相关的社会中达到一种社会秩序与个人权力和创造之间的恰当平衡。他的"花园城市"理论自20世纪以来激发了无数花园城市式的城市实践。

2. 乌托邦与乌托邦城市特征

乌托邦有两种表现形式：着眼于过去和着眼于未来。强调第一种形式的乌托邦们通常是向后看的，他们试图在过去中拾回失去的往昔和逝去的黄金和理想时代；他们极度地想要回到过去是因为只有这样，才能重新发现自己，重新体验那种归乡、回到家园的平静感觉。对他们来说目前的现实充满了缺陷，未来则是不确定的，社会充满了危险。这些乌托邦们总是对变化充满了恐惧感。对他们来说曾经尝试过的，并且被证明是可行的模式提供了安全的方式和手段，从而使他们认为过去才是理想和完美的。而展望未来的乌托邦们则是向前看的，他们企盼未来更为理想的社会。这些乌托邦的畅想者通常是时代的先行者和独立的思考者。他们为人类构想了可能的更美好的未来和更完美的幸福，用以取代目前社会和道德的缺陷。由于他们藐视传统，抛弃理论和政治偏见，从而与自己所处的时代相脱离。他们是持异议者，是反对派，是社会的对立面，是极端的少数；他们拒绝在自己所生活的时代中毫无声息地消亡，也拒绝保持一种消极被动的状态。他们是自由主义者，是美好未来的倡导者，不害怕社会的改变。虽然他们是社会的极少数，但具有极大的社会意义。不过，这种事实并不为大众所接受和支持，因为乌托邦很自然地是同时代的批评者，他们向人们展示了目前的现状与未来可能之间的巨大鸿沟。乌托邦主义者们毫无例外地是他们所生活时代具有原创性思考能力和创造性想象力的人群。

吕特·伊顿(Ruth Eaton)的《理想城市》(Ideal City, 2003年)总结了乌托邦世界的特征：它首先必须是不借助非自然之力,通过人力来试图获得的乌托邦环境。通常这种世界是由那些面对动荡社会的现实,而感到无助又无能为力的人们所创造的。乌托邦的创造者通常希望他们的设想能够实现,因此他们常常会试图与统治者沟通。乌托邦通常是作为取代被认为是混乱的现存状态的一种替代物,其志向在于试图通过有效的社会重建或科学进步而取得更大的集体幸福与和谐。乌托邦通常表现在城市上,这种城市常是用几何线规划的,它意味着用人类的理想来统治自然界混乱的力量。乌托邦常以绝对的答案来表现,这种答案被认为是可以施加在世界各地的。对于乌托邦来说,无论是历史的、地理的和文化的地区特征与内涵都没有什么区别。乌托邦一般是在处女地上建造的,而且不为未来的变化留有任何余地。乌托邦城市和社会与外界的隔绝十分明显,要么是图中的自然屏障,如河流和延艮的山脉;要么是人造屏障,如城堡、城墙和绿带等。当然,这种隔绝同时具有物理性质和象征性质。隔绝不仅表现在空间上,也表现在时间上,乌托邦社会和城市明显地试图与过去和历史相分离。又由于乌托邦自认是理想和完美的,所以并没有为未来可能进行的修改留有余地,它的目标是对理想完美的乌托邦进行复制。莫尔在《乌有乡》中描述的与世隔绝的土地中的 54 个几乎相同的城镇便是典型,莫尔试图用这种相同的城市平面来适应生活中的方方面面,同时消除人们不同的个性。因为乌托邦强调集体性,认为个人的兴趣和愿望应该与集体愿望完全和谐。多样化、个性、兼容性等民主的最基本要素在乌托邦社会模式中是不存在的。另一方面,现代工业化进程也助长了这种标准化的梦想。这种标准和工业化的城市和社会理想在现代主义城市和建筑中成为主导力量而具体和实践化了,经典乌托邦城市规划的代表是柯布西耶的乌托邦经典"明日的城市"。

3. 20世纪前半叶的城市建筑乌托邦

伊顿的《理想城市》一书对历史上和当代城市乌托邦的典型代表进行了系统地研究,他将这些乌托邦活动总结为对"理想城市"的追求。该书有关现代主义阶段乌托邦城市建筑的探索十分系统和完整。下面对他的研究进行一些介绍。

本世纪初技术发展的突破、大都会的发展、第一次世界大战以及随之而来的俄国和德国革命,都给人以新世纪即将出现的警示。这是早期英雄式的年代。法国的圣-西蒙认为,组织化的工业将形成世界新秩序的基础,这个世界由工业家、科学家和艺术家组成的工业精英来管理。这种思想对想要治理世界的建筑师具有很大的吸引力,无论是柯布西耶"光辉城市"的世界,还是赖特的"广亩城",都需要一个有绝对权力和公正智慧的建筑师或规划师来管理。对柯布西耶来说,为了集体利益,他的任务就是构想一个"彻底的、完全的、公正的、无私和无可争议的系统"[5]。这显示出那是一个产生乌托邦理想主义的时代,现代建筑、国际风格以及为满足工业社会的需要而将新的生产和营建方法结合起来的雄心。在第一次世界大战后的德国,与表现主义同时出现了一批乌托邦的畅想者,如文策尔·哈里克(Wenzel Hablik)就绘制了一系列漂浮建筑和飞行城市。1928年路德维希·希伯尔姆(Ludwig Hilberseiver)负责包豪斯的城市设计,他将自己在20世纪20年代早期的有关理想城市的设想付诸于柏林城市设计中。但是围绕包豪斯由表现主义和功能主义者设想的纯粹的、崭新的和社会主义或共产主义的世界,很快就被纳粹所粉碎。

　　伊顿认为,意大利的未来主义对城市和建筑乌托邦的贡献也很大,未来主义崇尚速度:"我们确信伟大的世界被一种新的美所丰富,这种美就是速度之美……今天我们靠速度来建立起未来主义,因为我们要将这片土地从臭气熏天的教授、考古学家、古董商们的手中解放出来……拿起你的斧头和锤子对这个可怜的城市进行无情的打击"[6]。这就是马里内蒂的未来主义宣言。该宣言在城市建筑中引进了第四个向量:时间/速度。这是对理想和乌托邦设计的一个重要贡献——时空概念。虽然未来主义在其本土有着丰富的遗产,但他们对新出现的城市并不满意。他们声称每个时代都应该拆除旧有的城市,建造该时代自己的新城市。第一次世界大战结束后,未来主义有关重建世界的思想重新由V. 马奇(V. Marchi)和V. 法尼(V. Fani)拾起。1914年建筑师圣-埃利(Sant' Elia)加入未来主义,他在1914年的展览中有关"新城"的绘画作品表现出他自己的理想城市思想。他认为,重新创造建筑可以最为准确地表现人类目前世界的机械状态和本质。他的环境是有关技术和动态感的。他提议拆除大面积的城市贫民窟,建造一种纪念

5 Le Corbusier, *La ville radieuse*. 转见于 Ruth Eaton, *Ideal Cities, Utopianism and the (Un)Built Environment* (London, Thames & Hudson, 2002), p.156.

6 A. Sant' Elia, 'Manifesto of Futurist Architecture'. In U. Apollonio ed., *Futurist Manifestos* (London, 1973). 转见于 Ruth Eaton, *Ideal Cities, Utopianism and the (Un)Built Environment* (London, Thames & Hudson, 2002), p.182.

式的，多层次的，没有装饰的城市。他的城市由钢铁、玻璃和混凝土构成，其主要特征是外部电梯、扶梯和火车站。他说："未来主义建筑所提出的问题关注未来主义住宅健康发展，是关于使用所有科学技术进行营建，以满足人们习惯和精神的需要，决定新形式、新线条、轮廓和体量的新和谐。一座建筑存在的原因仅可以从现代生活的独特条件中，以及对人们感知的审美价值的反应中发现。这种建筑不能被任何历史延续性的规律所束缚，它必须是崭新的，犹如我们全新的思想状态。"[7]

1917年俄国十月革命推翻了沙皇的资本主义制度，那些在旧制度下感到孤单和隔绝的艺术家和知识分子展开怀抱迎接革命，准备将自己的思想、知识和热情投入

[7] A. Sant' Elia, 'Manifesto of Futurist Architecture'. In U. Apollonio ed., *Futurist Manifestos* (London, 1973). 转见于 Ruth Eaton, *Ideal Cities, Utopianism and the (Un)Built Environment* (London, Thames & Hudson, 2002), p.182.

图 2.2 圣埃里的未来主义作品："新城"(Sant' Elia, New City, 1914)

到刚刚诞生的新生活中。先锋派艺术家在1917年走上街头,参加了革命。他们自认可以融入充满生气的新生活中,而艺术将重新成为生活不可缺少的一部分。在艺术家们满怀激情地投入到自认可以在社会中所起到更大作用的革命中的时候,建筑师则认为他们的实践领域将远远超出仅仅为雇主设计和建造物质环境。他们积极地拥抱整个新兴的社会并通过建筑和城市结构去组织革命的召唤。这种对革命和新政府的热情可以从维斯宁兄弟(A.A and V. A. vesnin)的言论中表现出来:"人类历史的新篇章开始了,任何阻碍新生活发展的力量都将被革命的巨大洪流所扫除。建筑师面临通过对现实进行反映并组织新生活进程而跟上或满足作为新生活建造者的任务

图2.3 马里奥·乔达尼的未来主义作品"现代都市的营造"(Chiattone, Constructions for a Modern Metropolis, 1914)

当代建筑设计理论——有关意义的探索

的挑战。"[8]

塔特林 (Tatlin) 等人的构成主义，K. 马拉维奇 (K. Malevich) 等人的至上主义和拉多夫斯基 (Ladovski) 等人的理性主义虽然在革命前就已经产生根基，并在革命后前几年的乌托邦热情中得到极大的发展，直到1932年斯大林终止了所有这些实践。在1917年后的几年内，在苏维埃，乌托邦作品层出不穷。列宁自己受到坎帕内拉《阳光城》的影响而发起了纪念宣传活动来启蒙社会。在克里姆林宫附近，列宁将沙皇的名字换之以莫尔、坎帕内拉、傅立叶等人的名字。1918年，塔特林的支持者尼古拉·普宁 (Nikolai Punin) 表达了构成派的倾向。他说："无产阶级将创造新住宅、新街道、日常生活的新事物。无产阶级的艺术并不是一种懒惰贡奉的神殿，而是一种生产新艺术制品的工厂"[9]。1919年苏联政府艺术部征请塔特林设计了第三国际纪念塔。1921年V. 斯台帕诺夫 (V. Stepanova) 第一次在演讲中使用了构成主义这个词。在罗德契科 (Rodchenko) 组织的构成主义第一工作组中，构成主义的意识形态正式形成。他们试图在社会主义框架内通过将艺术和技术和谐地统一起来的方法，创造一种理想的、新颖的和平均主义的世界。他们抛弃有关品位、鉴赏力和构图的概念，认为那是过时的资产阶级评论标准，从而将自己置于一种不是有关风

8 A.A. and V.A. Vesnin, 'Tvorch-eskie otchety' 转见于 Ruth Eaton, *Ideal Cities, Utopianism and the (Un)Built Environment* (London, Thames & Hudson, 2002), p.183.

9 N. Punin, 'Meeting ov iskusst-ve', 转见于 Ruth Eaton, *Ideal Cities, Utopianism and the (Un)Built Environment* (London, Thames & Hudson, 2002), p.187.

图 2.4 切尔尼科夫：幻想和构成 — 幻想 28 号 (Iako Chernikhov: Fantasy & Construction–Fantasy #28)

格潮流而是关注方法的设计中。他们认为新技术需要一种组织的艺术和真正的构成。构成主义者们呼唤"生产制造的艺术",他们认为新环境不仅要用最新的材料和技术,而且要用"功能"方法来设计。这种"功能"方法需要对使用者的需求和每一个活动进行科学分析以便建立不同的功能和优化布局。有了对使用者的这种了解,就可以使用标准件大规模生产的方法来经济和有效地满足各种构造(成)的需要。

20世纪20年代前苏联经历着飞速发展的城市化过程和建筑高潮,使得构成主义有关工业化、标准化的建筑思想有了实现的市场,就连柯布西耶在访问了前苏联后也留下了深刻的印象。1928年格奥尔基·克鲁季科夫(Georgy Krutikov)在"通讯空间走道上的城市"的方案中设想将工业基地设在地球上,而人们居住于外层空间的结构上,人们可以搭载独立的插座式飞行器和生活单元来去于地球和空间结构之间。

法国在20世纪前期有关理想城市和乌托邦的活动主要表现在托尼·加尼埃(Tony Garnier),尤其是柯布西耶的设计和著作上。柯布西耶的城市乌托邦主要表现在他1922年设想的"为三百万人居住的当代城市"作品中。该作品在1922年巴黎沙龙秋季上展出,它是一个100m^{2}的模型。该城市设想的平面是对称的,它由两条垂直的高速公路在城市的街道网络中心的多层终端相交。下面是一个四通八达的地铁站。其上是一个铁路终端站,而屋顶则是飞机场。他的设计是基于这样的信仰,那就是现代城市,社会的中心不再是宫殿或是宗教场所,而是交通、通信和交换场所。这种中心在柯布西耶的城市设想中被24座60层高的高层建筑所围绕,它提供了一个由50万-80万工作人口组成的行政和商业中心。这24座高层建筑是城市和区县的大脑和枢纽。但是,柯布西耶的计划和设想并没有从他所希望依靠的商业巨头那里得到支持,使他原来寄希望于从资本主义商业集团那里获得作为社会改良力量的希望彻底破灭。从此他不再仅仅满足于对城市结构进行改造,他认为首先需要有一种新的政治结构,这样才能保证城市结构的改变得以进行。他的新的标准世界需要一个中心化的工业结构,一种强力政府和政治。在这种世界中,个人的提案必须服从整体的计划,行政当局是最重要的。这是一种军事风格的组织,如同军队中将军作为整个组织的行政领导,具有

The center of the Contemporary City (1922). Transportation center (with a runway on the roof) flanked by high-rise towers. From *Oeuvre complèt de 1910—1929*.

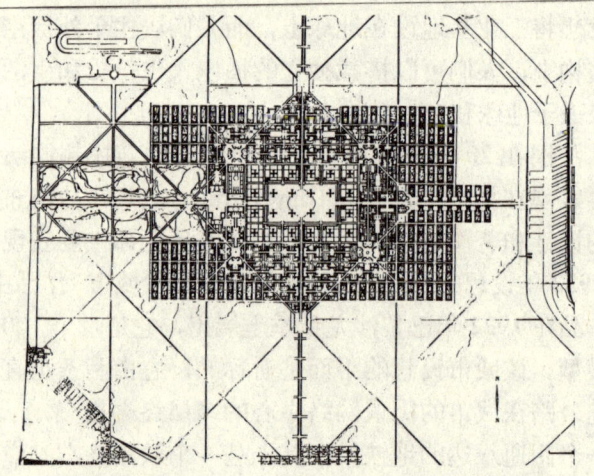

The plan of the Contemporary City. At the exact center is the transportation interchange for automobiles, subways, trains, and airplanes. Around the center are first the twenty-four towers of administration, and then the luxury apartments for the elite. Beyond the central district lie satellite cities for industry and workers. The north-south, east-west

图 2.5 柯布西耶：当代城市之平面和透视 (Le Corbusier, the Comtemporary City, 1922)

一个强有力的，绝对的政治领导，一个公共工程的行政领导，他可以强制性地执行将社会和城市与现代社会相一致的新秩序。这样他就将自己卷入法国工团主义运动，成为权力和独裁主义（无论是左还是右）的信仰者。因为只有这样才有可能实现他所展望的新世界。1928年他甚至为法国右派集团写小册子。在《光辉城市》(La Ville Radieuse) 中，他使用意大利法西斯主义者的集会照片，并付之以如下的标题"逐渐地世界接近它的终极归宿。在莫斯科、柏林、罗马以及美国，民众们聚集在一种强烈的思想下"。柯布西耶在 1928–1929 年将他的思想送交前苏联政府，1934 年送交意大利的墨索里尼，1941 年送交法国维希傀儡政府，但是并没有一位独裁者愿意将他的思想付诸于实践。

同一时期,赖特在美国试图对政治、经济和社会的现存秩序进行挑战。实际上赖特、柯布西耶和霍华德等人的理想城市设想都有一套变化巨大的、与之相适应的财富和权力分配的纲领。1935年在洛克菲勒中心的一个工业艺术展中,赖特展示了他的理想城市模型,那就是"广亩城"。这是一个极端取消主义的城市模型,如果将"广亩城"与霍华德的"花园城市"相比较,花园城市便显得十分传统。研究广亩城的人们会发现其实它不是城市,相反它具有一种反城市思想,广亩城试图将城市引进乡村。在广亩城中,城市和乡村之间没有什么区别。赖特认为工业城市是对人类的一种剥削,他强调自然的建筑和城市,一种有机的概念。他认为土地拥有制度是造成不平等的原因。他响应杰弗逊所认为的真正民主的获得只有在人们都是土地的拥有者时才可能获得。在赖特的理想乌托邦城市中,每个市民都至少拥有一公顷土地用于耕种和建造房屋,一半时间在工厂或其他专业工作,同时还有时间进行自由思考和脑力活动。当然,如同其他乌托邦设想和作品,赖特的广亩城在美国并没有引起反响,美国人对他的设想保持着一种盲聋状态。这是因为乌托邦虽然梦想更好的世界,但并不接

图 2.6 赖特设想的"广亩城"
(Frank Lloyd Wright, Broadacre City, 1934-1945)

10 参见 Robert Fishman, *Urban Utopias in the Twentieth Century: Ebenezer Howard Frank Lloyd Wright Le Corbusier* (Cambridge, Mass. The MIT Press, 1982).

受现存的政治和经济社会秩序[10]。广亩城还反映了赖特对个人自由的绝对信仰，他坚持个人主义的原则和倾向从而与传统乌托邦的走向大相径庭。赖特的实践促进了当代城市建筑乌托邦所进行的极端自由（主义）化和多样化的探索。

4. 当代城市建筑与乌托邦

20世纪中期，尤其是60年代前后曾经是建筑设想和乌托邦方案层出不穷的时期。这主要体现在对巨型结构的设计上，例如崇尚高技术和空间舱体形象的伦敦建筑电讯派。这时期的建筑师和设计者并没有思考具有普遍性的、理想工业社会和机械时代的建筑和城市形象。他们仍然没有摆脱现代主义的思想基础：也就是他们接受了现代主义对工业消费社会的信仰，相信物质进步，相信逐渐提高的机械化程度能够解放劳动力，为人们提供更多的休闲时间。在该时期英国和日本出现的舱体和插座建筑城市便是根据工业化预制和大规模生产，结合有关新科学技术的幻想而产生的。由柯克、超克、格林、哈伦、维布和丹尼斯·克兰顿(Dennis Crompton)组成的建筑电讯派将波普艺术、科学技术幻想和城市建筑设计结合在一起。他们提出了以骨架式的巨型结构作为提供水电等基本设备服务，而住宅、商店、办公等单元可以

图2.7 哈伦设想的"行走城市"
(Ron Herrron, Walking City, 1964)

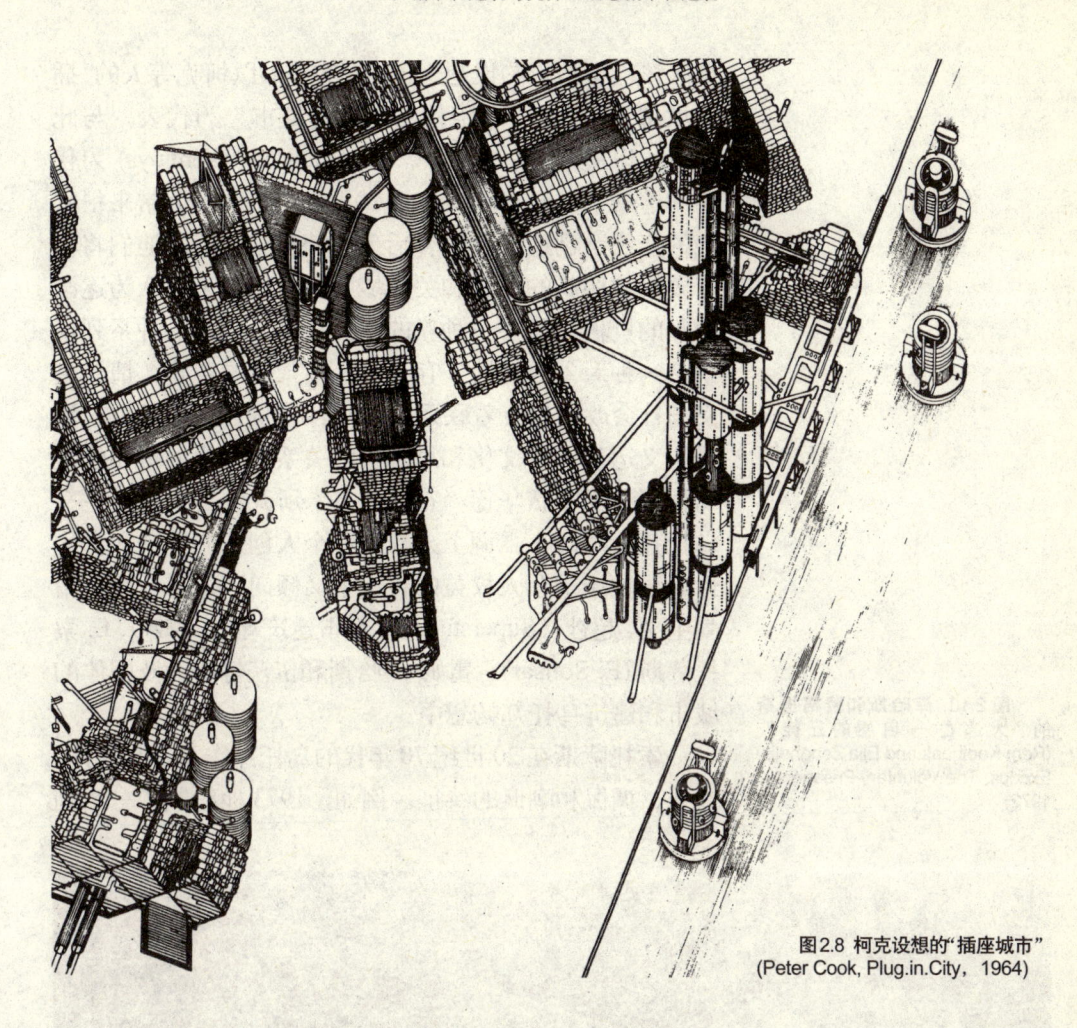

二、城市和建筑乌托邦：理想城市和建筑

图2.8 柯克设想的"插座城市"
(Peter Cook, Plug.in.City, 1964)

图2.9 纽文华的情景主义作品"新巴比伦"(Constant Nieuwenhuys, New Babylon, 1971)

插入该巨型结构的设想。这时期的作品以柯克等人的"插座城市"（图 2.8）和哈伦的"行走城市"为代表。与此同时，以康斯坦特·纽文华 (Constant Nieuwenhuys) 为代表的情景主义 (Situationism) 试图为城市和社会带来根本性的变化，创造一种适合后工业社会的环境。他们将现存要素按照新的文脉和关联域重新组织起来，认为逐渐增加的机械化需要一种新的空间环境，这是一种系列情景，一种对"暂时性"存在和生活气氛的营建。情景主义与社会改造也有着联系，1968 年法国社会动乱就与情景主义运动有着文化和思想上的关系。当代城市和建筑乌托邦继承了霍华德"花园城市"所开创的反极权主义乌托邦的倾向，强调个人权力和个人创造的能动和自主性。这种注重个人权益的自由主义倾向，尤其反映在情景主义、超社（Superstudio）、都市建筑社（OMA）、E.索托萨斯 (E. Sottsas)、雷姆·库哈斯和伍茨等个人及团体的城市和建筑乌托邦畅想中。

索托萨斯在 20 世纪 70 年代的乌托邦作品具有诙谐、戏弄、调侃和嘲讽的特征。例如，1973 他绘制了一系列

图 2.10 库哈斯和赞格里斯的"大逃亡——自愿的囚徒"
(Rem Koolhaas and Elia Zenghelis, Exodus, The Voluntary Prisoners, 1972)

具有波普艺术性质的作品。在这些作品中，他对那些著名的和有影响力的当代建筑思想和概念进行嘲弄，尤其喜欢将那些崇拜和信仰无止境线性发展的技术乌托邦作品作为靶子进行戏弄。在他的作品中，时间和自然最终征服了所有这些乌托邦幻想，建筑电讯派的"行走城市"在他的作品里似乎被遗弃在一个荒芜、废弃和终止了的世界中，这样的世界，没有任何东西能够运转，更不用说机器了。"轨道城市"是20世纪60年代乌托邦建筑的热门概念，而索托萨斯的"轨道城市"则犹如一个没有生命的长虫蜷伏在丘壑上[11]。此外，超社、都市建筑社（OMA）和库哈斯在70年代早期都进行了系统的乌托邦城市设想或批判性的城市方案研究，尤其是库哈斯的

图2.11 索托萨斯的反乌托邦作品"停滞的行走城市"(Ettore Sottsas,'Walking City, Standing Still', 1985)

11 Ettore Sottsas, 'Walking City, Standing Still'. *AD* ¾-1985.

研究和方案较为完整。伊顿的著作对当代乌托邦的研究稍有不足，除了没有论及索托萨斯，对70年代以来的城市建筑乌托邦活动，尤其是对库哈斯的作品缺少更为系统和深刻的研究，也没有对伍茨的乌托邦城市和建筑思想进行介绍讨论。下面对这两位建筑师的作品进行一些补充。

库哈斯的早期作品是与他在都市建筑社的主要成员以即独立又合作的方式进行的，研究的主题是曼哈顿。都市建筑社的一些作品的走向与索托萨斯对科学和技术进步持有的怀疑态度相似。例如，马德隆·弗里森德普（Madelon Vriesendorp）的"自由之梦"表现了都市死亡的痛苦。这件以曼哈顿为主题的作品表现了核冬天的景象，世界似乎遭受了核爆炸，没有人烟，一半是冰川世纪，另一半是电击雷鸣的荒漠。冰雪覆盖的曼哈顿中唯一可见的是断裂的克莱斯勒大厦的塔尖。自由女神正试图从象征毁灭了的人类文明的克莱斯勒大厦中挣脱出来[12]。

库哈斯在20世纪70年代对曼哈顿进行的研究，形成了一系列很有影响的城市乌托邦作品。库哈斯的这些研究随后被系统的整理总结在《癫狂的纽约》(Delirious

12 OMA/Rem Koolhaas & Madelon Vriesendorp, 'Dream of Liberty'. *AD* ¾-1985.

图2.12 索托萨斯的系列作品（包括"轨道城市"）(Ettore Sottsas,'Track City', 1985)

二、城市和建筑乌托邦：理想城市和建筑

图 2.13 超社的作品：持续的纪念物 (Superstudio, Continuous Monument, 1969)

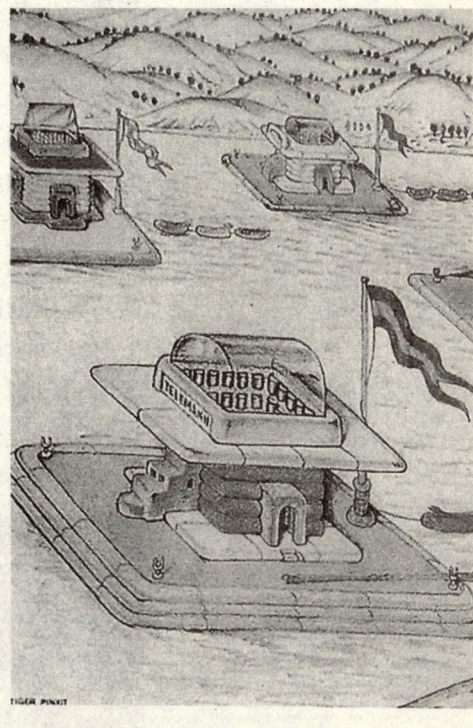

13 Rem Koolhaas, *Delirious New York A Retroactive manifesto for Manhattan* (New York: Monacelli Press, 1994).

图 2.14 Vriesendorp 的"自由之梦"(M. Vriesendorp, Dream of Liberty, 1974)

New York)[13] 一书中。在该著作的前言里库哈斯说，曼哈顿令人着迷，它充斥了变异的建筑、乌托邦的片断和非理性的现象。曼哈顿的每个街区都笼罩着很多层的幻影建筑、放弃或半途而废的建筑方案和计划，以及大众幻想。这些内容构成了另一种与现存纽约城不同的形象。因此，他认为曼哈顿是一个没有宣言的乌托邦，它充满着乌托邦的证明，但是并没有公开发表的宣言。库哈斯的《癫狂的纽约》试图根据曼哈顿的城市建筑历史和现状发表一个回顾式的宣言。这是一种对曼哈顿的解释，一种对曼哈顿城市工程和纲领的回顾式的寻求和塑造。他特别强调道，在 1890-1940 年之间，一种新的文化（机器时代的文化）选择了曼哈顿为其实验场。人们在曼哈顿进行了都市生活风格的创新和实验。由此，曼哈顿的建筑就可以作为一种集体实验，在这种实验中，整个城

二、城市和建筑乌托邦：理想城市和建筑

图 2.15 库哈斯：缩影世界的城市 (Rem Koolhaas, The City of the Captive Globe, 1972)

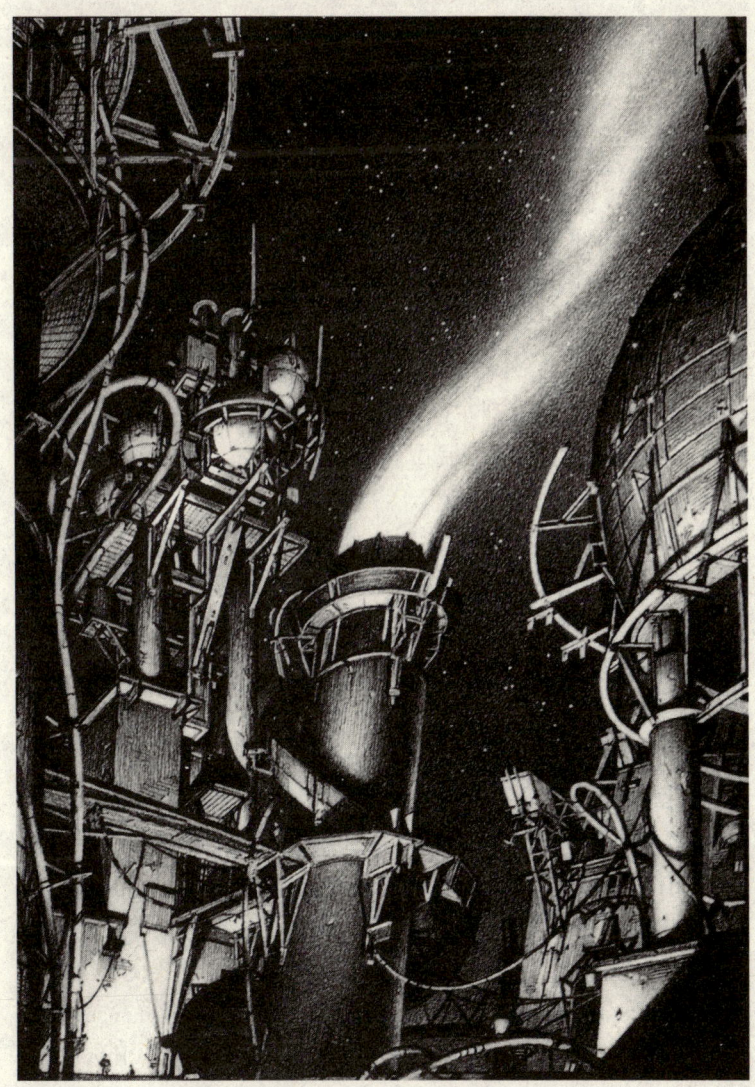

图 2.16 伍茨的"中心城市" (L. Woods, Centricity)

市成为一个真实和自然停止存在的人造实验工厂。

"缩影世界的城市"是库哈斯的乌托邦代表作。在该作品中库哈斯致力于探索人工概念、理论、解释、心智构造、假设和建议的产生对世界的影响。他设想的这个城市是"自我"的首都。在该城市中,科学、艺术、诗和疯狂的形式在理想的条件下竞争着去创造、毁灭和恢复令人吃惊的非凡世界。在这个世界中,每一种科学设想或无端的臆想都有一个基地,一块实验田。每个基地上都有着相同的由花岗石制作的基座。为了辅助和激发那种投机性的、敢于冒险的活动,为了创造一种非存在的物理条件,这些作为意识形态实验室的花岗石基础可以悬置不受欢迎的律法和不容置疑的真理。从这个坚固的基础出发,每种哲学都有权力向上无限地发展。从一些基础上生长出完全确定的肢体,从另外一些基础中则生发出临时性的软结构。库哈斯认为这种意识形态的天际线的变化是快速和持续的,是一种丰富和令人吃惊的道德的愉悦、良心的发烧,或者是理智的自慰。库哈斯认为他设想的这些"塔楼"的崩溃有两种意味:或是失败、放弃,或是一种视觉上的狂暴喷射。

20世纪80年代以来的城市幻想和乌托邦集中表现在纽约建筑师伍茨的作品中。他的乌托邦作品以作品集、丛刊专集和著作的形式发表。其代表性的著作是《一五四》[14],1992年出版的《新城》[15],1993年出版的《战争》[16]和《利布斯·伍茨》[17]。其主要建筑和城市乌托邦作品包括"中心城市"、"地下柏林"、"空中巴黎"、"独屋"和"柏林自由区"。

他在"中心城市"这件作品中设想出人类和社团的不同活动,并为这些活动准备出相关建筑,这些建筑组成一个个中心。每个中心城市在平面形式上呈现为不完整的圆周状。多个中心城市组织在一起形成城市网络(图2.17、图2.18)。中心城市中的建筑是一种探索性和实验性的工具,是为探索和实验性的生活服务的。这种工具式的建筑可以辅助人们对世界的探索,辅助人们对不同生活方式、对视觉、触觉等感觉系统的探索和尝试。由此,建筑成为"实验室",生活在中心城市中的人们的生活便具有了探索性和刺激性。于是,一种新生活方式,实验性的生活就与一种新城市建筑,中心城市结合起来。什么是"实验性的生活"呢?伍茨的解释是:"实验性的生活就是在不断地最大限度地吸收知识的条件上

---

[14] L. Woods, *OneFiveFour* (New York: Princeton Architectural Press, 1989).

[15] L. Woods, *New City* (New York: Simon and Schustor, 1992).

[16] L. Woods, *War* (New York: Princeton Architectural Press, 1993).

[17] Architectural Monographs No. 12: Lebbeus Woods (Academy Edition/St. Martins Press 1992).

生活"[18]。因此，每个人和社团就要不断地自发和巧妙地掌握和发展自己的知识，同时要不断地走出知识的极限去获取和探索未知，从而不断地在生活中进行实验。他认为在目前的技术社会中，创新的速度已经超越了传统。新的生活知识和条件发展如此迅速，以至人们无法有效充分地了解、测试和估量它们，也无法有效和充分地掌握它们。这种情况不可避免地导致社会和思维的突变，变化就很可能导致新的城市，例如"中心城市"式的城市的出现。无论如何，建筑师将在人类未来社会的创造中起着比今天更大的作用。他说："我相信如果建筑师面对新知识、新技术、新的生活条件，他们就会试图改变目前这种附庸地位，去创造一种新世界"。[19]

在很长一段时间内伍茨的建筑创作是以自我命题的

18、19 Lebbeus Woods, "TERRA NOVA" in Peter Nouver, *Architecture in Transition* (Prester Pres, 1991).

图 2.17 伍茨的作品"地下柏林"(L. Woods, Underground Berlin)

方式进行的，但后来他经常应邀进行创作。在这些受邀之作中"地下柏林"（1993年）方案令人瞩目。在这件作品的设想中，他认为每个城市的建筑方案都伴随着特定的社会需要、社会功能和社会组织。"地下柏林"为柏林人提供了一种新生活方式。他认为人们的生活目的、手段和方式与世界的物质和物理条件相联系，地下生活也是如此。地下有物理力学的特殊条件，如地震力、引力以及在地球内部互相作用的电磁力。他设想的生活方式试图对地下的物理条件做出回答，他设计的地下城市建筑由薄膜金属制成，并用精致微妙的机械和材料加以分割，从而这些地下结构很像精密的机械仪器。这些仪器与地质力学以及地磁力的频率相协调。他说人们或许听不到甚或感受不到这些，但在思想层面和电磁现实中，

图 2.18 伍茨的作品"空中巴黎"全景 (L. Woods, Aerial Paris)

人与地(宇宙)的和谐通过机械获得了。该方案创造了一个崭新的地下世界,该地下世界由一个巨型球体空间组成,该空间为他上面所说的精致的建筑机械提供了地下实验场所,为人们的"实验性生活"提供了场所。地下球体空间为辅助人类实验性的生活提供了许多特定的辅助手段,这些辅助手段就是伍茨设计的一系列错综复杂的金属平台,这些平台构成地下空间之间的市政联系。于是,"地下柏林"就成为一系列生活实验室,建筑要素成为居住者与世界建立起联系的机械(图19)。

"地下柏林"方案结束后,邀请者又请伍茨为21世纪的巴黎提出设想方案,题目拟为"巴黎:建筑+乌托邦"(1994年)。伍茨在谈起"空中巴黎"时说:"设计时自然地想起上次在'地下柏林'。我对'柏林方案'的最后记忆是那些冲出地表飞向空中的建筑要素。它们飞向何方呢?就让它们飞向巴黎吧。我设计的这些飞行器将在巴黎上空聚集。对我来说柏林是个内部的室内空间,是地下的、内向、封闭和地表的世界。巴黎则是一个充满阳光、空气的城市,一个缥缈的轻质世界。"他设想在巴黎上空组装那些由薄壳材料制成的机械片断和构件。随后开始设想将它们结合在一起的构造手段,以及如何将这些飘浮在空中的轻质结构与地表联系起来,如何将它们固定起来。他认为"空中巴黎"的关键是如何使这些部件悬浮在空中。首先,这些结构和部件与飞机不同,它们没有引擎,只是一种漂浮物。他使用"磁悬浮"的概念,设想这些空中悬浮结构是一个双磁体,它借用地球磁场漂浮停留在空中。这样,"空中巴黎"是一件随风摇曳的空中结构,这些部件由结合成网状系统互相支撑的缆索结构系在埃菲尔铁塔上。

他设想这种结构是为某种如同马戏团那样的社团服务的,居住者的活动如同杂耍,这群人能够适应不断变化的气流。伍茨认为,这种社会与传统社会不同,它是没有传统秩序、结构、中心和等级的社会。在这种社会中的人们要有充分的"实验性生活"的精神,因为新生活充满刺激冒险和探索,要不断地面对新问题并加以解决。这是一种在新技术条件下冒险的乌托邦世界。伍茨的方案通常考虑的是大尺度的城市社会,但他也试图返回到较小的独立结构系统中去尝试和检验那些宏大的想法是否合理可行。"独屋"就是这种尝试的产物。该结构内外没有梁柱支撑,结构由建筑形式衍化而来,其内

图 2.19 伍茨的作品"空中巴黎"局部 (L. Woods, Aerial Paris)

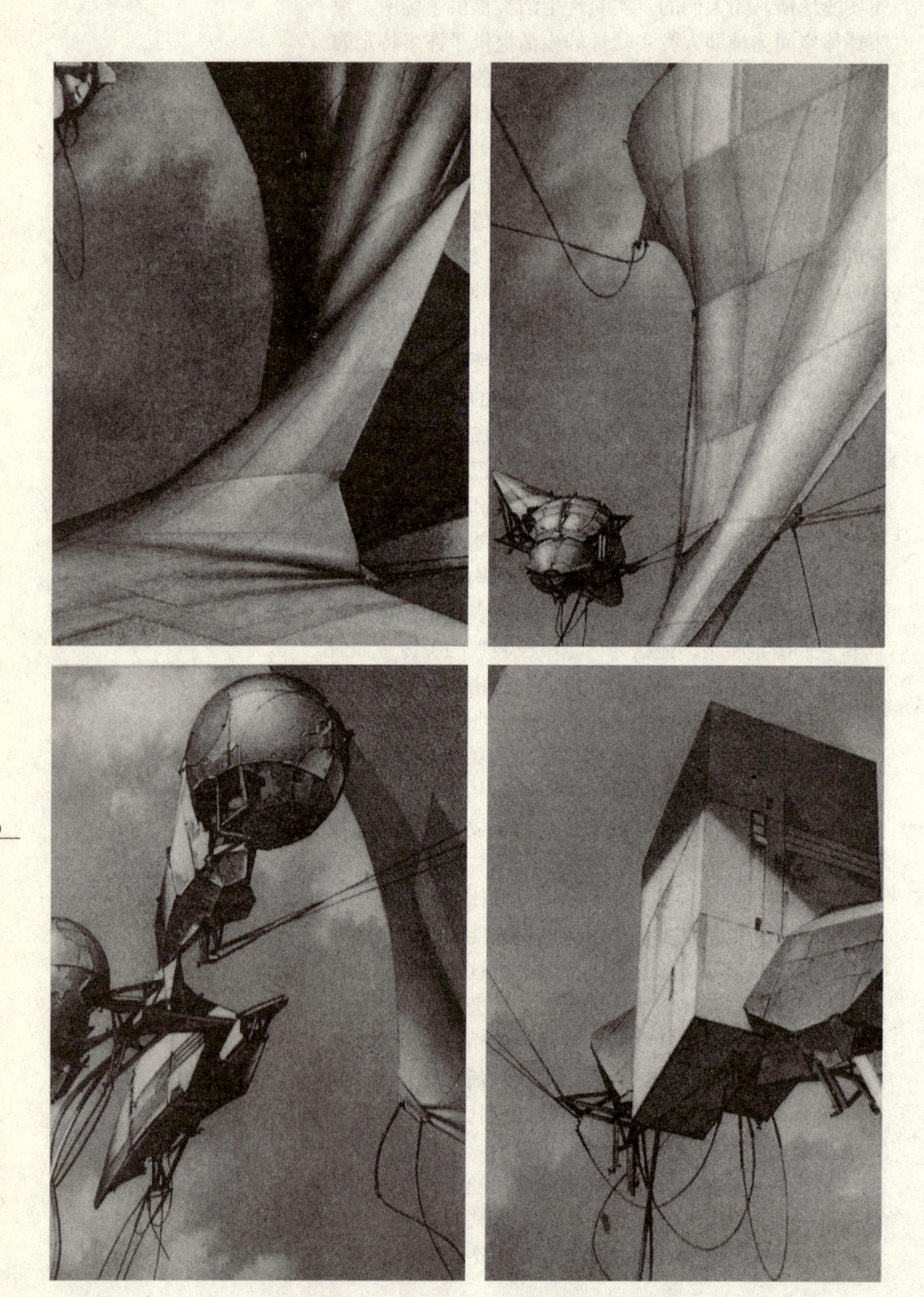

图 2.20 伍茨的作品"空中巴黎"局部 (L. Woods, Aerial Paris)

部也没有进行功能分划。

在伍茨的世界中人们可以发现那种乌托邦"理想世界",该世界有时表现出一种完美的特征,有时表现出一种令人新奇的特征,有时甚至使人震惊和恐惧。

奥地利实用美术馆主任彼得•诺埃瓦 (Peter Noever) 评价伍茨的作品"对现存建筑状态持批评态度。伍茨的批评态度是一种打破一切的态度……。他的作品形象具有一种真实、震撼人心的力量,同时又使人感到一种解脱,一种精神上的解放。"[20] 这位站在建筑学边缘的形而上学建筑师走到想象的极致。他创造的建筑世界虽然是虚幻的,但这种虚幻的世界使人耳目一新。伍茨之所以创作出这些与众不同的作品,主要是他对现存建筑状态的不满,他认为建筑的现实令人感到悲哀和可怜。他对建筑现状的分析和批评是从社会政治角度出发的,他称"建筑是一种政治活动"。他认为目前西方建筑师实际上

20 Architectural Monographs No. 12: Lebbeus Woods (Academy Edition/St. Martins Press 1992), pp.8-18.

是现存社会政治结构的建造者,因为建筑师遵循那些已存在的、表现某种阶层压制另一阶层的隐藏形式,或遵循那些隐藏在得益于现行常规、秩序和习俗下的社会形式,而居住者永远是最后被建筑师考虑的。居住和使用者不得不接受建筑师和顾主以及现行社会习俗强加的东西。这样,居住者承担着所有的上层建筑的重负。

伍茨要创造一种新城市和建筑,他自认这些年来他的作品是在创造一种新观念的建筑。这种新观念就是他所称的"新地球"(Terra Nova)。他说:"Terra Nova 有两个意义,第一,它具有某种新鲜性,主要指'新'的地球具有某种奇异陌生性。当我们面对新奇、陌生和不熟悉的事物时,我们受到震撼,感到吃惊和不安。陌生和奇异性使我们从熟悉的思考方式中走出来,去面对现实。这对我的生活和工作来说十分重要;第二,与人类的天性有关……人类的天性就是去创造和构造自然。我们必须创新创造世界以便彻底地在其中生活。"他宣称道,"在我的作品中有一种承诺,那就是不仅对那些为现存生活方式服务的建筑感兴趣,我更感兴趣于一种尝试,一种新的可能的生活方式。"[21] 因此,他反对任何形式的建筑权威。他说他只感兴趣于个人行为的权威,注重个性和个人探索,尊重每个人的行为自由、探索自由。他还认为在这个世界上没有哪个人的权威能够延续很久,因为每个人的活动都是短暂的。在这种朝夕变化的美学世界中没有一种形式或个人能够将权威保持长久,这种美就是他称道的"存在美"。他认为在这种世界中建筑的任务和作用应该如同工具的作用,具有工具性、手段性,而非表现化。建筑应该是延展个人活动、思维、理解能力和极限的工具。

当代建筑和城市乌托邦如同历史上任何时期的乌托邦实践一样,都是人类对理想社会追求的组成部分,是历史上各种追求理想社会的设想和实践的延续。它更继承了早期现代主义那种对理想社会和城市建筑的追求,保持了早期现代主义对人类社会不断进步和发展的憧憬和其中所充满的那种信心。同时它也对现代主义理想中所具有的缺陷,以及今日社会生活和城市建筑中所具有的问题提出批评,并提出自己的乌托邦方案用以解决上述缺陷和问题。已故美国城市和建筑历史学家芒福德曾说,"一幅没有乌托邦的世界地图根本不值一看"。他的话当然不是有关地图的,而是有关城市与建筑的。

21 Lebbeus Woods, "TERRA NOVA" in Peter Nouver, *Architecture in Transition* (Prester Pres, 1991).

三、后现代主义：表情达意的建筑

后现代建筑的要点在于肯定建筑所具有的表情达意的功能，强调建筑师能够通过建筑设计来传输意义。汉斯·荷伦 (Hans Hollein) 在 1968 年曾直截了当的说"建筑是一种通讯媒体"[1]。这是对现代主义、国际主义和功能主义只重视建筑的标准化、机械生产、工业化，忽视建筑作为一种表现形式所具有的传输意义的功能，忽视建筑自身意义的一种反动。英国建筑师詹姆斯·斯特林 (James Stirling) 曾认为，后现代阶段出现的一种现象是对建筑能够表达意义的重视。后现代主义通过强调立面、历史要素和片断，以及历史幻象等手段来传达意义。

1 Hans Hollein, "Everything' is Architecture" (1968),in Joan Ockman, Joan ed., *Architecture Culture 1943-1968: A Documentary Anthology* (New York: Rizzoli' 1993).

1. 文丘里的复杂性与矛盾性和建筑的形式与意义

后现代主义是自 20 世纪 30 年代的国际主义风格以来，第一次出现的重要的美国建筑潮流。文丘里的《建筑的复杂性与矛盾性》[2]一书无疑是美国后现代主义的理论基础。它以宣言的体式批判了教条的现代主义理论和实践，阐述了后现代主义的理论和思想基础，提出了具体的建筑设计策略。在美国，文丘里的理论使得建筑师重新开始对传统和历史先例加以重视。他认为现代主义城市和建筑的问题是过于简化，现代主义刻意选择所要解决的问题，因此现代建筑对问题的答案纯粹而又枯燥无趣味。在书中，他开宗明义地提出"我喜爱建筑的复杂性和矛盾性，它是现代生活所经验到的丰富性和模糊性。建筑师不能够再被教条的现代主义建筑的纯粹道

2 Robert Venturi, *Complexity and Contradiction in Architecture* (New York: Museum of Modern Art 1966).

德语言所禁锢。我喜欢复合、杂交而非'纯粹'的要素，妥协而非'单一'，变形而非直接，模糊而非明确，传统惯例而非设计，兼容而非排他，重复多余而非单纯简单。我赞成有生命力的混乱，而非明显的统一性。"他尤其提倡建筑的丰富意义，而不要清晰直截了当的意义，并认为建筑既要直接的功能，也要间接、隐藏和暗示的功能。他赞成"兼而有之"而不是"非此即彼"。他认为一种有效的建筑可以引发许多层面的意义。他认为强制的简化导致过度的简单性，而建筑的复杂性并不否认合理的简化，合理的简化是一种分析过程，甚至是一种取得复杂建筑的方法，但这种简化仅是方法或过程，它决不是目的。建筑的复杂和矛盾性与形式和内容相关，也就是当将形式组合起来时，形式所表现的意义具有复杂与矛盾性。形式和其表现的意义通常面临有三种困境：一是建筑师创造和构成的建筑形式所试图表现的意义；二是产生的形式自身所表现的意义；三是观者和"读"者从该形式中所获得的意义。语言和其所表达的意义、所要表述的内容，即"能指"与"所指"的关系问题，是语言学所关注的中心内容。后现代主义出现前后所盛行的结构主义语言学、文学批评（文论）、结构主义哲学和人类学、符号学等，均对语言和其表述的意义进行了深刻的讨论。这时期的建筑符号学更是采用索绪尔的结构主义语言学和随后发展出的符号学理论，通过"能指"与"所指"进行建筑符号和其所表现的建筑意义的研究。将建筑作为一种视觉语言需要讨论如下两点：一是建筑在何种程度上是一种约定俗成。我们知道语言是一种约定俗成、用于交流和通信的符号系统，那么如果将建筑作为一种符号系统，该符号系统是否具有一种由社会认同的约定俗成。二是建筑的约定俗成是否能被广泛地接受和理解，从而成为一种与建筑的"社会契约"。将建筑作为一种符号系统，也就是将其作为一种"能指"与"所指"的系统，就是承认建筑形式（部件或要素）具有传达的作用。这种"能指"具有表达某种意义，指向某种相对应的意义（"所指"）的能力。因此，使用符号学就在一定程度上承认设计者和使用者、观赏者和读者对这种符号具有共同的解读、译码能力。也就是说，对符号意义的理解是基于一种共识，基于公众的约定俗成。这种讨论将建筑形式和其表现的意义（能指与所指，符号与意义）局限于一一对应的关系中。对于一些特定的建筑，这种——对应的关系是存在的，如文丘里设计的著名的"鸭房"[3]。但是，对于建筑这种"弱"符号语言来说，这种严格和局限性的对应关系并不适用于大多数建筑。另一方面加达默尔的哲学解释学则为读者的解释权确立了合法的地位，于是"读者"的解释地位就与"作者"具有了相同的地位，这就是读者解释的合法性。文丘里认为相关的建筑意义的关键在于其与历史先例的相似性的联系上，也就是说建筑的意义一部分来自读者，另一部分来自作者，还有一部分来自历史先例。读者与作者通过这种共识的历史先例来表现和解读意义。

[3] Robert Venturi, "On Ducks and Decoration" (1968),in Joan Ockman, Joan ed.,*Architecture Culture 1943-1968: A Documentary Anthology* (New York, Rizzoli 1993).

2. 格雷夫斯的图像建筑

后现代主义建筑师的主要设计策略表现在格雷夫斯、查尔斯·摩尔（Charles Moore）、斯特恩和文丘里等人的设计中。格雷夫斯自称，他所采用的是"图像建筑"（figurative architecture）的设计方法。对他来说"图像建筑是一种描述人文建筑的方法，这种人文建筑表现了人类社会的神话和仪式"[4]他对现代建筑的批评着眼于他所认为的现代建筑的那种无法表达思想的、言不达意的抽象形式。他认为建筑的特性和特征赋予人们在一个场所、一座建筑、一个房间内那种最终的认同和归属感。建筑的特性和特征一部分是由故事的讲述所组成，另一部分是由记忆、怀旧、憧憬和回忆所构成，最后一部分是由象征所构成。格雷夫斯有关将建筑作为表现手段的理论的要点是，他认为语言和艺术都有两种表达和传输的形式：一种是标准的，另一种是诗性的。标准的语言形式其作用是实用性，并有惯例标准可循，而诗性则是在传统和惯例的边缘和极限上作文章。他将构筑比之于标准语言，而将建筑认同为诗的形式。他认为，构筑包括那些营造实践内的工具性内容和范畴，是那种行业内的普通和内在的语言。它由任务书、纲领、施工和技术等内容决定。另一方面建筑试图象征性地表现文化和其神话，建筑的诗意形式对某种文化形象化和拟人化的态度更具亲近性。因此建筑包括两种语言：技术和实用性的标准语言与文化和象征性的诗性语言。他认为现代运动主要立足在技术性的表现上，因此机器的隐喻就主导了建筑形式，现代主义不重视诗意的形式而注重非形象化的、抽象的几何形式。这种抽象形式本身也许是从机器自身的简单内在形式中抽取出来的。他认为现

[4] Michael A Graves, "A Case for Figurative Architecture" (1982),in Kate Nesbitt, ed., *Theorizing a New Agenda for Architecture An Anthology of Architectural Theory 1965-1995* (New York: Princeton Architectural Press 1966), pp.88-89.

当代建筑设计理论——有关意义的探索

图 3.1 格雷夫斯的波特兰市政厅草图 (Michael Graves, The Portland Public Services Buiding, 1979-1982)

图 3.2 格雷夫斯设计的波特兰市政厅外观 (Michael Graves, The Portland Public Services Buiding, 1979-1982)

三、后现代主义：表情达意的建筑

图 3.3 格雷夫斯设计的 Clos Pegase 酒厂 (Michael Graves, Clos Pegase Winery, 1988)

图 3.4 格雷夫斯设计的天鹅旅馆 (Michael Graves, Dolphin and Swan Hotel, 1988)

代建筑运动的建筑形式表现了机器的象征,即一种实用文化的象征。他认为应该认识到建筑的构件不仅来自实用的需要,而且来自象征的源泉。人们在象征层面上对建筑的要素加以理解和识别,建筑要素又为其他领域隐喻式地加以使用。因此,强调形象化、图像化、拟人化的建筑有其合理性。格雷夫斯选择建筑的象征功能作为回应更高层次的文化问题,这一点似乎十分重要。这与同时代的纽约建筑师埃森曼强调建筑的自主性完全不同,埃森曼提出的是那种自主的、抽象的句法和符号关系(syntactic),而格雷夫斯提出的则是建筑的"语意学"(semantic)范畴。格雷夫斯设计的建筑采用诗性的语言形式因而具有强烈的形象特征。文丘里使用的是符号化、象征化和通俗化的手法,格雷夫斯采用的是图像化的建筑设计手法,埃森曼称前者为表现化的图像,称后者为修辞图像,两者都是"修辞"方法,但是埃森曼认为修辞法不是创造[5]。

3. 建筑设计的拼贴法

尽管格雷夫斯称自己的建筑设计方法为"图像建筑",但他和摩尔、理查德·波菲尔(Ricardo Bofill)、斯特恩等后现代建筑师所采用的设计方法本质上是拼贴设计方法(Bricolage/Collage)。获得这种行之有效的设计方法需要特殊的训练,需要有对传统和历史建筑母题、部件和形式的敏感。这种设计方法首先需要从历史和传统中选取某种或数种典型建筑形式母题、部件或元素,对其进行发展、变化、错位、移接、重组和联结。它虽然采用传统和历史中的部件和形式,但并不被历史和传统设计原则、构图原理和衔接方式所束缚。它使用传统部件和历史母题,但割断了与特定历史和传统的直接联系。它根据现代性、特定文脉、形式构成和审美需要进行变化和组合。这是一种任意的、随机的和为现实需要服务的"历史主义"设计方法。采用这种方法所达到的效果通常既具有一定的历史连续性,又具有当代特征,是在新环境和新条件下对传统要素的巧妙利用。科林·罗(Colin Rowe)在他的《拼贴城市》[6]一书中指出城市建筑中的拼贴设计方法,不是美术和工艺美术中那种裁裁剪剪的组装方法。科林·罗呼吁在城市规划中挖掘和重新使用"能工巧匠"(Bricoleur)的工艺方法。"能工巧匠"是采用特殊方法制造和组装工艺制品的工匠。列维-斯

---

5 Peter Eisenman (1987), "Post Functionalism", in Kate Nesbitt, ed., *Theorizing a New Agenda for Architecture An Anthology of Architectural Theory 1965-1995* (New York: Princeton Architectural Press 1966).

6 Colin Rowe and Fred Koetter, *Collage City* (Cambridge: The MIT Press, 1982).

特劳斯在《野蛮人的心智》中对这种方法的定义是：可以胜任多种工作和任务的内行。他们使用有限的工具和材料，利用手中一切现成的事物来完成工作。能工巧匠所使用的方法就是拼贴法(Bricoleur)。哈佛大学城规建筑学院的彼得·罗(Peter Rowe)通俗地解说了建筑设计中的拼贴现象，他认为如果建筑师的庭院中有一些旧建筑部件，建筑师必然会采用一定的措施保持原建筑部件的连续性，同时使用新组合方式对待这些旧有部件，由此为新意义的产生提供了可能[7]。

拼贴方法采用过去的形式和片断，但并不是按周围建筑式样来进行设计以追求和谐，保持形式统一和历史传统连续性的那种文脉主义。这种设计方法与设计思维的策略相联系的，通过使用这种设计策略和其相关方法既可获得崭新的作品，又使人感到与过去具有某种连续。策略在一定程度上决定采用何种设计方法，例如，采取的策略是为求保持城市建筑的历史传统，那么自然要考虑文脉主义；但如果策略是求新、求发展而又要兼顾生活文化的连续性，那么考虑拼贴手法就顺理成章了。拼贴方法是对传统建筑要素的一种"再解释"，格雷夫斯的波特兰市政厅是这种再解释的代表作。在该作品中错位、扩张、变形和重组的古典要素与现代建筑形式拼贴在一起。格雷夫斯设计的迪斯尼总部(1991年)则更是将迪斯尼童话形象和古典城堡部件拼贴起来，创造了一个有争议但富有情趣的建筑群。拼贴设计方法必须满足如下四个标准：合理性(Legitimacy)、响应性(Correspondence)、基因连贯性(Generic appropriatness)和协调性(Coherence)。这四条标准是美国解释学权威E.D.赫施(E.D.Hirsch)在他所著的《解释的有效性》(Validity in Interpretation)[8]中阐明的。所谓合理性，是指所选用的部件、片断和残件必须在公共的规范和准则的容许范围内。响应性，是指拼贴手法的使用者必须考虑建筑场和其环境、所选用的部件和片断自身所有内在条件限制和信息等。对建筑要素的选择和组合必须以恰当的手法尽量解决手中所有的问题。基因连贯性和协调性这两条均可从字面意义上来理解。

拼贴方法注重建筑语言的意义，考虑建筑在社会和文化中传达意义的范畴，关注"能指"和"所指"关系的问题。该方法很像选择具有特定意义的词汇进行组合的方法，这种组合只要基本保持语法结构的准则就是合

[7] Peter Rowe, *Design Thinking* (Cambridge: The MIT Press, 1987).

[8] E. D. Hirsh, *Validity in Interpretation* (New Haven and London: Yale University Press, 1967).

理的，甚至不用保持语法结构的正确，只要能够表达特定的意义、达到特定的效果和目的就完成了它的使命。

4. 后现代古典主义

德米特里·波菲里奥斯(Demetri Parphyrios)则从恢复古典主义的权威性入手，通过古典形式来传达意义。他批评现代主义运动在城市和建筑尺度上的失误，认为20世纪60-70年代实行的由柯布西耶和CIAM（国际现代建筑协会的简称）所提倡的现代城市纲领实际上是对城市的"数学抽象"，这导致了象征意义的丧失[9]。分区制所导致的功能分离，以及柯布西耶所提倡的在大面积花园草坪上孤零零设立高层建筑导致的现代城市尺度和经验的失真。现代主义无特征的建筑导致的城市郊区扩展和城市失去了有意义的等级秩序。波菲里奥斯试图用凯文·林奇称为"有形象意味"的传统城市来代替现代主义城市。他强调欧洲城市的街道、广场和街区可以恢复现代主义城市的混乱和失位。在这点上他的意见与欧洲建筑师克里尔兄弟相同。同时，波菲里奥斯也批评后现代时期的各种形式（古典主义、解构、高技术）都是"风格上的陈词滥调"。建筑界在20世纪60年代开始的重新定位活动后来演变为后现代主义，其态度是折中主义的。当代折中主义试图从历史风格中抽取出其表达和交流内容的方法，如同标签和服饰，风格不再与建筑的构造和结构有着自然的联系。虽然对后现代有各种定义：历史主义、文脉主义、实用美学，然而理解后现代建筑的现象需要观察其对风格手段、图样和传统惯例的特殊使用方式。他认为后现代有三种风格：后现代高技术、后现代古典主义和后现代解构主义。波菲里奥斯认为，今日的高技派只不过是对高技术的一种模拟，是一种做出来让人相信的玩意儿。其手段，即技术主义在建筑领域也不是什么科技领先的学科，因为高科技的领域在航天和生物科学上。后现代古典主义使用模仿的手法，喜好滑稽的变形、引用、断章取义、故意弄错等手段，不过是一种专门做出来让人相信的图像化的、虚假的、有名无实的建筑。解构主义在当时被人们认为是一种前卫派，但是它的实质既不前卫也不是最新的，其形式采用的是俄国构成主义的现成形式，而构成主义的美学仍然是机器美学。解构试图使用先锋派的图像，因此解构只是后现代运动的另一种形式。他认为解构聒噪着

[9] Demetri Porphyrios, "The Relevance of Classical Architecture" (1989), in Kate Nesbitt, ed., *Theorizing a New Agenda for Architecture An Anthology of Architectural Theory 1965-1995* (New York: Princeton Architectural Press, 1966).

拒绝与秩序、可识别性和传统相关的内容相联系。于是，对解构主义者来说建筑就成为一种对失败和危机的体验，即使没有危机，也必须去制造一种危机。因此解构缺少一种有社会基础的批判性作业平台。他认为解构最多只能是审美的一个层面，而且他将解构主义者认作患有休克症的病人，而患有"休克症"的人通常总是系统地回到历史主义上。这三种后现代主义虽然在风格取向上、象征内涵上，以及社会基础上都有着不同，但它们对建筑景象的观念却是相同的。

与上述三种后现代主义观点不同，波菲里奥斯认为古典主义不是一种风格，古典主义是一种感受而不是形式[10]。他认为当代古典主义对现代主义所发起的批判主要不是从建筑美学角度进行的，而是来自城市设计策略。换言之，后现代主义的批评关注的是现代主义对传统城市组织结构的分解和破坏，现代主义通过分区制导致城市走向抽象化。古典主义倡导传统城市的智慧，认为建筑通过营建和保护性的语言来述说神话和思想，这其中所涉及的并不仅仅是风格的，还包括生态平衡的问题：诸如控制城市扩展、重新衡量城市街段的尺度、强调设计中类型学的重要性、在公共和私人领域之间建立空间等级、重新思考城市中开发空间的构成和性质，等等。波菲里奥斯认为建筑的古典主义与其他艺术领域一样使用模仿的方法，现代主义则不然。现代主义提倡建筑师要与众不同和别出心裁，教育建筑师使他们认为建筑师的贡献在于与众不同，从而造成今日建筑师过于关注风格的边缘问题，使得建筑领域的大多数人们认为建筑师的成就并不表现在他所借用东西的成就上。波菲里奥斯认为，建筑师的真正贡献在于他们所决定选择的形式和设计策略上。

斯特恩总结了美国后现代主义的几种现象[11]，其中一种是埃森曼的后功能主义（Post-Functionalism）。后功能主义坚持建筑的自主性质，它自称是一种独立于历史和文化的建筑，它标榜仅仅使用自身的语言，并以摒弃除自身之外的任何思想的交流和传达而自豪。但斯特恩认为这种设计思想不可避免地还是要与建筑的历史文化相联系，因为它明显地引用20世纪20—30年代的现代主义形式。后现代主义使用十分真实而具象的建筑形式，因为它认可其自身的实用性质和具体性，认可它自身的历史和其所存在的物理环境的文脉，以及认可那些

10 Demetri Porphyrios, "Classism is not a Style," in Andreas Papadakis, and Harriet Watson eds., *New Classicism* (New York, Rizzoli, 1990), p. 19.

11 Robert Stern, "New Directions in Modern American Architecture: Postscript at the Edge fo Modernism" (1977), in Kate Nesbitt ed., *Theorizing a New Agenda for Architecture An Anthology of Architectural Theory 1965-1995* (New York: Princeton Architectural Press, 1996).

当代建筑设计理论——有关意义的探索

使其存在的社会、文化、政治环境和背景。文丘里和查尔斯·摩尔通过强调建筑的"意义"和指出生硬、简化的现代主义建筑与复杂的社会文化间的功能脱节而奠定了美国后现代主义的基础。格雷夫斯指出了可以将建筑片断作为建筑构成和构图的一种要素。斯特恩认为,成熟期的后现代主义有三种特性,即文脉主义、引喻主义和装饰主义。文脉主义是将单体建筑作为更大整体的一个片断来看待。引喻主义认为可以从历史中得到教益,它将建筑的历史认作是建筑意义的历史,是特定形式以及与该形式在历史中所建立起来的意义之间的关系。后现代主义建筑师认为恰当地引用历史先例和片断可以丰富作品,从而使建筑显得更为熟悉、亲切,具有更多意义。查尔斯·摩尔的"意大利广场"便是使用这种方法的典型。装饰主义将建筑的立面作为建筑意义的载体来对待,文丘里和斯格特·布朗是采用此种方法的专家。文丘里和斯格特·布朗更在《向拉斯维加斯学习》一书中认为要向大众文化学习。他们认为向大众文化学习并不会使建筑师远离设计的象牙之塔,相反,可以使建筑师更关心目前的需要和问题[12]。凯文·林奇在1960年出版的《城市意象》[13]一书从感知的角度探讨了城市形式。他对城市的可读性和认知的研究是对CIAM所倡导的抽象理性主义和城市郊区扩展的一种对抗。在书中他对人们对城

12 Robert Venturi, Denise Scott Brown, and Steven Izenour, *Learning from Las Vegas* (Cambridge: The MIT Press, 1972).

13 Kevin Lynch, *the Image of the City* (Cambridge: The MIT Press, 1960).

图3.5 查尔斯·摩尔设计的"意大利广场"(Charles Moore, Plazza D'italia, 1985)

市的感知、城市的个人意象和城市的公共形象进行了研究，认为任何城市都有由许多个人的意象组成的公共形象。或者有一系列的城市形象，每个形象都由相当数量的城市居民拥有。这种组团的形象对于个人是必需的，因为人们需要依靠这种公共形象在其所生活的环境中生活并与其邻居沟通。当然每个人的个人意象以及相关的意义都有其独特的部分，该部分是很少或不可能沟通的，但其总体仍然与公共形象相近。林奇试图在其研究中发掘形式自身的作用，他的研究指出，在设计中建筑形式应该强调或传达某种意义，而非取消或否认意义。

英国建筑师斯特林认为，有关技术和艺术的问题成为现代运动意识形态基础的分水岭。在美国，功能主义意味着将建筑纳入工业过程和产品的轨道，但欧洲在第二次世界大战后的设计则成为满足特定要求的人文（道）主义方法。欧洲建筑界的人文主义倾向开始表现在对建筑类型学和城市设计的重视上，在美国则表现在后现代主义建筑运动上。建筑领域的后现代主义可以归纳为三个重要领域：

（1）使用古典和传统片段并采用拼贴方法对待古典和传统建筑的要素、零件和片段。

（2）采用传统和古典城市设计策略的研究以对抗现代主义的郊区设计策略。

（3）现代主义将建筑作为大规模生产和消费的领域在后现代时期继续得到发展，尤其是有关传统和古典城市设计原则与当代城市设计领域的结合在美国的"新城市主义"运动中得以深入发展，成为20世纪之交在美国城市建筑领域具有影响的运动。

后现代主义以及与其相关的城市主义和新城市主义运动都强调类型，因为类型本身有着文化和历史的根源，并表达了某种文化的深层含义。因此在当代建筑设计理论的讨论中类型学便成为重要的主题。

四、 类型学：类推的建筑

随着现代主义和功能主义出现危机，类型学重新得到重视，这就是类型学复兴。对类型学的重视也是现代主义之后更广泛地对建筑"意义"追求的一部分。因为类型与历史建立了联系，人们日益认为与历史建立了联系便是在一种特定文化内赋予建筑以合法性的必要步骤。在讨论城市形态学时，人们认为类型具有创造一种合法又合理的城市主义的内在能力，可以用于对抗以柯布西耶"明日城市"为代表的现代主义城市思想。结构主义为类型学复兴奠定了理论基础，根据作为结构主义基础的符号学理论，在任何符号系统中，符号传达意义的能力有赖于特定系统中约定俗成的关系结构，而不在于符号与外在先存在的或与外在现实的某种固定联系。作为符号系统的建筑与语言相似，在这两个领域，历史的呈现不是那种一个阶段彻底抹去前一个阶段的过程，而是每个阶段都有遗痕留存，这些不同阶段的痕迹又保持在今日我们看待世界的方式上。类型犹如语言，语言总是先存在于个人的或团体的语言能力之前。建筑的系统总是先于个体建筑师和某个建筑历史阶段之前，正是由于先前存在的类型使得该系统得以传输意义。类型与历史中任何一个时刻呈现在建筑面前的任务互动而形成整个建筑系统。

类型学不是从纯形式或纯语言学角度入手，而是从社会文化和历史传统角度入手的。类型学并非一种新的设计思维和设计方法，前工业社会或传统社会中唯一的设计方法就是类型学方法。类型学的生命力在于它永远是更新和发展的。但是在现代主义运动阶段人们鄙视类型学设计方法，甚至根本不谈类型学，只重视形式语言设计方法。现代主义运动中的建筑师和理论家们认为类型学是前科学的，是受习惯势力影响的。他们认为，在工业和科学社会中需要有与科学技术思想相适应的新设计方法。但是，现代主义抛弃类型学的实践最终是不成功的。自20世纪60年代中期开始，有识之士开始认识到建筑设计需要类型学方法。60年代中期就有人认为当无法发现、归纳和总结所要解决的城市建筑问题，或无法对所要解决的城市建筑问题提出一个明确的设计纲领时，就可以采用类型学。艾伦·科洪1967年在一篇题为《设计方法和类型学》的文章中对现代主义抛弃类型学进行了批判[1]。1966年意大利建筑师阿尔多·罗西（Aldo Rossi）的《城市建筑》一书出版，在书中，罗西将类型学界定为城市建筑设计中重要和有效的设计方法。在同一时期，意大利一批青年建筑师在《美好住宅》杂志上发表文章，对有关类型学的理论和设计进行了讨论。20世纪60年代被称为建筑的新启蒙时代，在此阶段朱利奥·卡洛·阿尔甘（Giulio Carlo Argan）根据阅读德昆西建筑历史字典中有关类型学的条目，恢复了对类型学思想的探讨。

熟悉后现代建筑历史的人们都会了解，在后现代主义建筑运动初期凡是反对现代主义教条的建筑师几乎均被冠以"后现代"的标签，在这些建筑师中有一些是使用建筑类型学的名建筑师。科洪在《后现代主义和结构主义》[2]的文章中认为索绪尔的结构主义语言学，以及此后由罗曼·雅可布森、列维-斯特劳斯和罗兰·巴特发展完善的结构主义为后现代主义批判现代主义的两个教条——功能主义和历史决定论提供了理论武器。结构主义是如何为后现代主义提供批判武器的呢？人们知道在传统上建筑与其他艺术相似，均是根据对一系列先行构造、具有一定意义的词汇进行排列、组合和构造。功能主义则试图彻底改变建筑构成的传统，试图以在形式上和功能上无法简化的要素代替先行构造、先期设计的词汇。功能主义认为由此手段构造而来的建筑意义将仅从作品自身的形式、功能和构造中获得。但是，结构主义认为在任何符号系统中，符号表达

[1] Alan Colquhoun, "Typology and Desind Method" (1967), in Kate Nesbitt, ed., *Theorizing a New Agenda for Architecture An Anthology of Architectural Theory 1965-1995* (New York: Princeton Architectural Press 1966).

[2] Alan Colquhoun, "Postmodernism and Structuralism: A Retrospective Glance", in *Mordernity and The Classical Tradition: Architectural Essays 1980-1987* (Cambridge: The MIT Press, 1991).

意义的能力来自于特定符号系统中约定俗成的关系结构，而不依靠符号与外在先行存在的其他参照系统的关系。另一方面，现代主义的历史观认为在任何阶段，文化实践仅能够从它在历史进化的位置上来理解，文化是暂时的，仅适宜于某个时代。索绪尔语言学则认为任何阶段的文化意义都是重叠的，每个词句、每种艺术形式均依赖其他词句和形式的存在。建筑的历史与语言的历史相似，并不是后一阶段彻底取消前一阶段的过程，而是与过去遗存下来的建筑形式同时并存。因此，在目前的建筑实践中就可以将历史上的形式看作原材料（素材）。科洪认为需要一个转化机制才能更好地将结构主义批评标准用于建筑学。这种转换机制就是类型学。他认为类型的概念解释了在建筑设计中形式是如何产生的。建筑的类型犹如语言，语言总是先于任何使用语言的个人，建筑的系统也是先存在于任何建筑师的创造之前的。由于先前"形式"的存在和其持续性使得建筑系统可以传达意义。这些"形式"就是所谓的类型，类型在每个历史阶段中与当时具体的建筑任务和问题相结合就形成了整个建筑系统。在索绪尔的结构语言学中，语言是一个结构受体，又是一个集合的范畴。这个结构或范畴必须先行存在，此后，个体的语言使用者所使用的"言语"才能在语言结构中被赋予意义。个人的语言的意义由结构限定。作为个体的建筑与建筑类型的关系犹如言语与语言的关系，建筑可以千变万化，但都脱离不开类型。

在现代运动早期，柯布西耶试图在工业产品与标准化分类之间建立一种联系，但这种分类是从工业生产的角度来衡量的。类型学理论认为，建筑形态在历史中重复出现的现象提示人们类型和形态的概念是独立于技术变化之外的。每个时代尤其是在技术日新月异的时代，建筑的类型总是相对稳定的，它独立于形式、思想和技术等范畴变化之外。这种稳定性保证了文化意义的持续性，这种保持人类生活相对稳定的结构或建筑类型十分重要，其作用犹如语言的相对稳定对人类稳步发展所起的作用。建筑的历史并不像现代主义所认为的那样，由一个阶段代替另一个阶段，由一种形式和风格代替前一时期的形式与风格，而是前若干阶段的建筑在下一阶段中同时存在。也就是说，在城市和建筑的历史中,历史并不是"历时性"的,而是"共时性"的,我们可以在今日具有历史文化的城市中证实这种现象。

这种历史现实对人们心智影响很大,从而决定人们有关环境、城市和建筑的心智形象并进而影响人们对环境的塑造活动。这种心智形象就是人们的"集体记忆"。"集体记忆"并不是某一时代或某一时期人类心智记忆的产物,而是整个人类文明史和改造环境历史的整体产物。每个历史阶段的人们都为这个整体、这种"集体记忆"增加新的内容。"集体记忆"在人类历史文化中由作为个体和群体的人类以口述、文字、操作实践和人工环境的形式保持下去。由于个体生命的历程与物理环境相比相对短暂,因此,物质环境形式的相对持久得以成为取代人们的记忆并进而影响其对环境的塑造活动,从而保持了环境的相对稳定。罗西认为城市类型其实是"生活在城市中的人们的集体记忆,这种记忆由人们对城市中的空间和实体的记忆组成。这种记忆反过来又影响对未来城市形象的塑造……因为当人们塑造空间时,他们总是按照自己的心智意象来进行转化。同时他们也遵循和接受物质条件的限制。"

产生建筑类型的原因并不复杂:人类经常面对相同的要求和条件限制,从而产生某种建筑类型来适应和满足这种条件和要求。人类又具有总结经验的倾向,从而使得某种类型占有主导地位。人们使用这种类型进而根据自身所面临的特殊问题、情况、条件和要求对该类型进行变通,从而产生某种类型的多种变体。类型是普遍的形式或结构,或一种使得种类和组团具有显著特征的性质,或对物体的分类。它是一种人们按照其进行制造和生产的模型。某些类型是普遍的,某些是由文化限定的,而另一些则是地区性的。因此,对类型的定义是相对的,类型的识别通常也是根据分析研究的尺度而变化的。类型既保持了文化与传统的连续性,又提供了创新和变化的余地和可能。

1. 建筑类型学的定义与历史

建筑类型学的研究起源于法国,它的重新复兴得益于新理性主义者对法国启蒙时代和学院派理论的研究。

20世纪六七十年代的意大利新理性主义者在法国启蒙时代的建筑师中寻找到共鸣,因为在法国启蒙时代著名建筑师勒杜和布雷所进行的"纯粹形式"的设计方案中可以发现明显的"类型"思想。继而他们又在法国学院派大师迪朗(Durand)的几何构图规律和巴黎美院常务理事卡特勒梅尔•德昆西(Quatremere de Quincy)有关类型学的定义中寻找到了支持,并加以发展。

类型学可被简单地定义为按相同的形式结构对具有特性化的一组对象所进行描述的理论。现今人们对类型学的讨论基本上坚持意大利新理性主义学者的主张。但是,任何研究类型学的学者都没有忽视德昆西在19世纪对类型所下的定义。德昆西是通过区别"类型"和"模式"(model)来阐明类型概念的。他说:"类型这个词并不意味事物形象的抄袭和完美的模仿,而是意味着某一种因素的观念。这种观念本身就是形成模式的法则……。模式,就其艺术的实践范围来说是事务原原本本的重复。相反,类型则是人们据此能够构划出种种作品而毫不类似的对象;就'模式'来说,一切都精确明晰,而'类型'多少有些模糊不清。因此,类型所模拟的总是情感和精神所认可的事物……"。接着他说:"我们又可以看到,所有的创造,尽管有连续的变化,但总是以一种清晰和明显的方式对理性和感性保持其基本原则。这类似某种核心,围绕着它,与事物密切结合和联系的形式发展着、变化着。当面对某种事务的千姿百态,科学和哲学的主要任务是探索它的源流和起因,进而掌握其意义和目的。这里,在建筑中称之为'类型'的,是人类创造和制度都具有的分支……我们进行这个讨论,就是为了清晰地理解类型这个词的意义——类型隐喻式地包含在许多作品中,并且指出那些认为既非模式就可以漠视,或者竟以复制品所需的僵化模式加以曲解的人们的错误。"[3] 从该定义中可以看出"类型"是通过与"模式"相互定义而界定的,在上述引文中作者批评把类型当作某种被模仿和复制的事物,并认为在建筑中有一自身起作用的要素,它不是建筑对象与其符合的事物,而是在模式中表现的事物,这就是规则——建筑的组织原理。当代西班牙建筑师R. 莫尼奥(R.Moneo)对类型的定义也许更为清晰,他说:"什么是类型?类型可以被最简单地定义为按相同的形式结构,对赋予特性化的一组对象所进行描述的概念。它既不是一个空间的图解,也非一

3 转见于G. C. Argan, "On the Typology of Architecture" (1963), in *Theorizing a New Agenda for Archi-tecture An Anthology of Architectural Theory 1965-1995*, ed. Kate Nesbitt(New York: Princeton Architectural Press, 1996), p.243.

系列条目的平均。本质上它是根据一定的内在结构相似性和对象编组的可能性而形成的概念"[4]。在建筑领域内对于类型学的解释和理解有着不同，例如，同是威尼斯学派的意大利建筑师阿莫尼诺(Aymonino)和阿尔多·罗西的意见就不一样。虽然前述莫尼奥和德昆西的定义对各种解释敞开了大门，但类型学并没有因为这样的不明确而受到损害，反而由此兴旺起来。意大利建筑理论学者 M. 班迪尼 (M.Bandini) 认为："对于建筑常规的普遍特性就是他们似乎是从矛盾混乱的意见中衍化出力量和有效性，一个文化上的交感仅仅可以在它不需要精确时才可运作"[5]。

类型学是城市建筑的基本思想和理论，也是建筑界讨论的重点，英国著名建筑理论家科洪就认为所有有关建筑的思考均限制在对类型的态度上。他持有这种观点是因为他首先在结构主义语言学和艺术之间进行了比较，他认为"语言"（固定的）和"言语"（可变的）之间的关系与艺术规则和社会接受了的审美规范之间的关系相似。这就构成了所谓类型学的具体实体能够在社会中传达其艺术的意义。也就是说建筑意义的赋予有赖于先行建立的类型的存在。从这点出发，他认为"类型或者被看作是不可变的形式，这种不变的形式构成了实在和富有特性的建筑无限变化的形式……或者被看作以一种片断的形式流传至今的历史遗存，而它们的意义又不依赖于它们曾经所在的特定时间和地点的那种特殊组织和构造方式"[6]。他将前者与新理性主义相联系，将文丘里及其追随者与后者建立了联系。

罗西更进一步认为所有的理论都应是类型学的理论。在城市领域，类型学的问题是理论的焦点，类型学的形式分析使城市争论从消极保护转到综合的城市更新。罗西的类型思想将城市要素作为具有意义的实体来感知，它具有原初性和权威性，该意义是类型学先行决定的，但不能预见。它的逻辑先存在于形式，并以一种新的方法构成形式。罗西试图在建筑中包含时间（过去和未来），这是一种无言而又永恒的形式。他试图通过城市制品的简洁形式唤起永恒使用的观念。他用"记忆"代替历史，罗西使用"集体记忆"将类型思想进行特殊的转化，将记忆引入客体，客体就具有了思想，也具有了对思想的记忆。这样，时间、记忆、客体就与类型结合起来。罗西将类型学作为基本的设计手段，通过它赋

4 Rafael Moneo, "On Typology," *Oppositions* 13 (Summer 1978).

5 Micho Bandini, Typology as a Form of convention, *AA Files 6* (1984).

6 Alan Colquhoun, *Modernity and the Classical Tradition: Architectural Essays 1980-1987* (Cambridge: The MIT Press, 1991), pp.247-248.

予建筑以长久的生命力和灵活的适应性，并由此沟通城市和建筑尺度之间的关系。他认为建筑的内在本质是文化习俗的产物，文化的一部分是编译（码）进表现的形式中，但绝大部分编译进类型中。这样，表现就是表层结构，类型则是深层结构。他认为可以从历史建筑中抽取出类型，抽取出来的必然是某种简化还原的产物（抽象的产物）。因此它不同于任何一种历史上的建筑形式，但又具有历史因素，至少在本质上与历史相联系。这种从精神和心理上抽象得出的结果被称之为"原型"，心理学家荣格认为原型是共有的。这样类型学就与集体记忆联系起来，它不断地将问题带回到建筑现象的根源上去。罗西认为类型与人类的生活方式相关，他说："类型按需要和对美的渴望而发生。一种特定的类型是一种生活方式与一种形式的结合，尽管它们的具体形态因不同的生活而有很大的差异。"[7] 他认为类型学原理是永恒的，这一论点把建筑设想为一个结构，这种结构呈现在作品中而被认识。

2. 类型学的复兴与作为本体论的城市

对类型学的激烈讨论发生在 20 世纪 60 年代的欧洲，尤其是意大利。意大利悠久和丰富的城市历史和文化为类型学的讨论提供了适宜的"土壤"和"气候"。建筑历史与理论家安东尼·维勒 (Anthony Vidler) 将这个时期产生的类型学称为"第三种类型学" (The Third Typology)[8]。他认为第一种类型学将建筑看作对自然基本规律的模仿，第二种类型学产生于第二次工业革命以后，大规模生产所面临的问题，尤其是使用机器大规模生产其他机器所面对和引发的问题使得人们重新开始思考类型学。因此，第二种类型学将建筑等同于一系列大规模生产的物品。这两种类型学都将建筑与建筑以外的另一种"自然"相比较，并获得其合法性。第三种类型学并不试图从建筑和城市之外寻求有效性，他认为新理性主义的作品表现了第三种类型学。新理性主义的作品所关注的只是城市自身，在这个意义上讨论城市，城市的本体便没有了任何时期的特殊社会意义，有的仅是其自身的形式条件。将城市作为类型学讨论和研究的新领域和场所是因为人们反对现代主义所造成的支离破碎的城市，要求强调形式和历史的延续性。作为整体的城市，它的过去和现在都展示在其物质结构上。其自身和自身

7 Aldo Rossi, *The Architecture of the City* (Cambridge: The MIT Press, 1982) pp.35-41.

8 Anthony Vidler, "Three Types of Typology" (1976), in *Theorizing a New Agenda for Architecture An Anthology of Architectural Theory 1965-1995*, ed. Kate Nesbitt(New York: Princeton Architectural Press, 1996).

内部里里外外都是一种新的类型学。这种类型学并不是由分离的要素建造起来的，也不是为了使用、社会意识形态和技术特点的目的而篡成的。这种类型学是完全独立的而且可以被分解为零部件。这些零部件并不去重新创造公共的或常规惯例的类型与形式之间的关系，它们也不重复过去的类型形式。建筑师们选择这些零部件并根据从如下三个层次的意义中衍化而来的标准将它们重新组装起来。这三层意义，一是从过去存在形式的产生方式中继承而来的意义；二是从特定的零部件以及其相关的界限和关联域，通常是跨越过去的类型中衍化而来的；三是将这些零部件在新环境中重新构成和组装，产生符合建筑师希望获得的意义。

　　这种"城市的本体论"与现代主义乌托邦相对，它否定了所有的社会乌托邦以及过去200年实证主义有关建筑的观点。由此，解说和理解建筑就不再需要与所谓"社会"加以联系，建筑历史就不再是记录有关特定时间和特定地点中特定的社会条件了。讨论建筑形式，就不必将建筑形式之外的功能和社会道德等牵扯进来，建筑因而获得了它的自主性和专业性。在维勒的第三种类型学中，城市被作为识别建筑类型学的场所是关键。在积淀的城市经验和其公共空间与公共建筑形式中，一种建筑类型可以被理解为对那种形式和功能一一对应的建筑思想的挑战。在另一层面，类型保证了城市生活传统的延续。如果不去考虑其特殊形式，这种新本体论的独特性质就是城市自身。因此，对空间和公共形式的分解和重组就不可避免地要与其新获得和新构成的政治意义相分离。但是，形式的原初意义，以及经时间和人类经验积淀起来的层层含义却不是那么容易抹去的。新理性主义者们也并不试图去做这种对类型进行清洗的事情。相反，这些类型所继承的意义可以为它们新赋予的意义提供线索和基调。新理性主义所使用的技巧或基本构成方式就是将所选用的类型，无论是部分的还是整体的，转化为全新的实体，而这种实体的传输交流能力和潜在的标准来自对这种转化的理解。新理性主义类型学将其信念建立在建筑的本质和关键的公共性质上，这是作为对现代主义以来日益高涨的个人主义顾影自怜的现象的反动。新理性主义建筑师的作品重新将城市和其类型学作为恢复公共建筑之关键作用的唯一可能的基础。如果不这样，城市建筑将被永无止境的生产和消费所毁灭。

在现代主义之后的阶段中,建筑理论家们认为类型的概念是建筑的本质和基础,它如同结构主义语言学中所讨论的"深层结构"。意大利建筑历史与理论学家朱利奥·卡洛·阿尔甘1963年发表的《建筑类型学》[9]一文引发了对建筑类型学的讨论。他将类型学作为一种建筑历史过程,同时也作为建筑师的个人思考和工作过程。因此它既是历史,也是方法;既是形而上学,又是操作工具。问题是类型的象征内容是先于类型的创造而决定类型的呢,还是它仅是其后的演绎。阿尔甘认为"类型"的产生有赖在形式和功能上具有明显相似性的一系列建筑存在。换句话说,当一种类型在建筑理论和实践中出现,那么对任何在特定文化历史中出现的意识形态的、宗教的、实践的复杂问题,它已经有了现存的答案。这样,"类型"通过将复杂的形式变量进行还原,简化为一种共同的基本形式而获得。如果"类型"是通过这种回归过程产生的,那么所得到的"基本形式"便不能与那种纯中性的结构网络相类似。应该将其理解为一种形式的内在结构,或一种包含着无限形式变化和类型自身进一步结构调整可能性的原则。事实上,人们并不需要证明一座建筑的最终形式是根据一种先前存在的形式系列演绎推论出来的类型的变体,不过该系列所增加的这个变体或多或少地会决定整个类型的变化。

阿尔甘认为不管一种类型容许有多少变化,形式的意识形态内容具有一个永恒的基础,它是恒定的,虽然在任何给定时间,它具有不同的特征。他认为类型可以有无数的类和亚类,但形式上的建筑类型可以归为三大类:一是建筑的整体构型,二是主要的结构要素,三是装饰要素。这种分类与建筑师的工作程序相一致(平面、结构系统和表面处理),这为建筑师在建筑设计时提供了类型学的规则指南。他又认为,如果类型只是图解和格网图示,它就表现出僵硬和死板的现象,同时具有一种惯性。这不可避免地使人回到艺术家的创造性与历史经验的关系问题,因为类型总是从历史经验中演绎推论出来的。然而,对建筑师来说,部分历史经验是通过类型学的图示形式表现出来的。德昆西认为类型是模糊不确定的,它不是一个确定的形式,而是一种形式的概略和纲要,它还承载着已完成的建筑和方案形式的积淀痕迹,不过其特定的形式和艺术价值被抛弃了。在类型学的考量中,建筑特征和作为形式的真正性质被剥夺了,

---

9 G. C. Argan, "On the Typology of Architecture" (1963), in *Theorizing a New Agenda for Architecture An Anthology of Architectural Theory 1965-1995*, ed. Kate Nesbitt (New York, Princeton Architectural Press 1966).

升华为类型,从而具有了形象和符号的无限价值。将艺术作品还原为"类型",艺术家就不再受特定历史形式的束缚,而是将过去和历史中性化。模型的选择意味着价值裁判,它意味着某些艺术作品是完美的,需要被模仿下来。但当同样的艺术作品被看作是类型时,就不包含着模仿和复制活动,接受"类型"就不是复制,这意味着停止了对历史价值的裁判活动。

阿尔甘将类型学定义为分类编组的模拟系统,他创造性地建立了审美分析标准。他将类型当作一个"前设历史的恒量"(meta-historical constant),宣称如果类型是还原步骤的最终产物,那么最终的形式就不能被看作仅仅是一个模式,而应该被认为是一个原则的内在结构、所有已存在的表现形式(正是从这些已存在的表现形式中,抽象出原则来),以及任何将来从该原则中发展出来所增加的建筑形式,都是这一原则内在结构的具体变化。他还说,类型学不仅仅是分类系统,更重要的是创造性的步骤。他认为在建筑历史中已经形成的类型学系列是由它们的形态学构型(morphological configurations),而非功能的使用造成的。他指出类型学的使用不仅仅限于学术上的后期评价,而且在于重复这些等级的设计阶段,通过这种方法,每个设计在初始时都是概念化的,而最终是多样化的。他并且认为建筑类型包含、体现了某种价值,开始时为原状,继续保持的就是变体。

阿尔甘还认为类型学的内在含糊性在作为实践性运用的工具和作为人们不能离开的标准中,使得它可以适用于更为普遍的问题,这些问题将创造性活动与它的历史相联系。他得出了如下结论:"接受了对类型的先验还原,艺术家能够将自己从历史形式的影响中解放出来,将历史形式中性化"。并认为这种消解历史的现象从文艺复兴到新古典主义都曾出现过。

20世纪70年代中期,一批激进的意大利建筑师共同编写了《帕杜瓦城》,在这部著作中,建筑师艾莫尼诺与罗西在有关类型学的看法上出现了分歧。艾莫尼诺的类型学观点与罗西对类型学的观点有所不同:罗西将类型学作为城市形式分析的工具,而艾莫尼诺更感兴趣于它的功能组成部分。艾莫尼诺将类型学看作手段而非范畴。将类型学作为手段,这要从两个层次上来理解:一层是"形式上"的独立类型学,它被当作区别形式差别的分类方法;另一层次是"功能上"的应用类型学,它用作理解城市变化中特殊类型的持久性。他强调城市形态与建筑形态的关系而不去强调它们的自主性。他认为不能将类型与功能强拉关系，例如，所谓医院、商场等建筑。如果这样考虑问题而开始设计，在城市设计阶段，这样的方法就会被忽略。因为在城市设计阶段必须通过简化和还原的步骤，那么一切诸如商场和医院的功能均将被抛弃，它们只有在城市的关系中才能存在。他对类型学的定义是"研究各种要素联系的可能，以便借助类型达到对建筑有机体的分类"。要素指的是"经由分析而分离出整体中的部分。要素具有自身的特性，但它只有在与整体相联系时才有效。在类型学的定义中，要素可在两个不同层次识别，一是风格和形式，另一个是结构和组织。第一个层次是在将建筑作为自主的现象来研究时才有效。第二个层次则是将建筑作为一个城市现象来研究时可以适用[10]。

10 参见 C. Aymonino, Type and Typology, *AD*, 1985 5/6.

3. 作为"元"理论的类型学

罗西认为类型学要素，要素的选择，过去、现在和将来都要比形式风格上的选择重要，例如，有前廊的建筑，这些廊子的风格可以完全不同，首要的是要有廊子，这才是建筑的本质问题。他指出：一种特定的类型是一种生活方式与一种形式的结合，尽管它们的具体形态因不同社会而有很大变化。类型概念是建筑的基础，它是永久而又复杂的，是先于形式且是构成形式逻辑的原则。大多数现代建筑师试图创造新的类型，甚至创造严格的原型。罗西则不然，他对简单创造新的类型没有兴趣，而是试图恢复那已经存在的类型，并在已经存在的类型中进行选择，对其进行抽取，再形成一种新的类型。他认为"房屋的类型从古至今没有变化，但这不是生活方式未曾变化，也不是说新的生活方式不可能出现。"又认为即便所有的建筑形式都简化为类型，也没有一种类型与一种形式等同。简化还原的步骤是一个必须的、逻辑的过程，没有这样的先决条件，形式问题的讨论是不可能的。在这个意义上他认为所有的理论都是类型学的理论，这就是将类型学在"元"理论(meta-theory)的层面上进行讨论的思想。

"元设计"的概念在类型学中是一个重要的概念。波兰哲学家塔尔斯基在分析语言的逻辑问题时认识到：讨论语言问题时人们常常陷于混乱的境地，这是由于人们没有分清语言的层次,试图用同一种语言自相描述。但是,用一种语言描述同一种语言在逻辑上有困难。这是因为由于描述,即用作工具的语言与所研究语言的内部存在着同样的问题与缺陷。因此有必要将语言分出层次,从一个层次来研究另一个层次的语言。例如研究英文 N 就要用 N+1 来加以描述。这种分层次的,在某一层次上来研究另一层次的语言所引发出来的逻辑问题即所谓"元逻辑"(meta-logic)。在分层次的语言系统中,描述语言的语言也就是用作工具的语言被称作"元语言"(meta-language),被描述的语言被称作"对象语言"(objective-language)。当代国际建筑书刊中出现的"meta-"就是这个意义。就现在所见的有"元理论"(meta-theory)、"元设计"(meta-design)、"元设计过程"(meta-design process)、"元理论恒量"(meta-historical constant)、"元方案"(meta-project)、"元现代主义"(meta-modernism),等等。

"元"的概念是类型学的基本概念之一。科洪指出,目前建筑理论的焦点问题集中在类型学上。这是因为大多数建筑理论讨论来讨论去总是在一个层面上,而建筑类型学则是研究建筑和建筑理论的"元"理论,即与其他建筑不在同一个层面上的方法论。M. 班迪尼指出,正是通过类型学才使得建筑师们了解到设计的"元范畴"概念,即在设计或设计的过程中区分出层次,区分出"元"与"对象",区分出"元设计"与"对象设计"的层次。

类型学既然考虑到层次问题,在作为设计方法时,它也要在设计中指导人们对设计中的形态、要素部件进行分层的活动。对丰富多彩的现实形态进行简化、抽象和还原而得出的某种最终产物。但这种最终产物不是那种人们可以拿来复制、重复生产的模子。相反,它是某一原则的内在结构。人们可以根据这种最终产物或内在结构进行多样的变化、演绎,产生多样而统一的作品。例如北京四合院的概念是某种确定了的概念,也就是某种最终产物,或四合院设计的内在结构。这种"概念"是人们从无数种四合院的变化中总结出来的。根据这个概念,人们仍然可以设计出千变万化、形态各异的四合院。同样的道理可以施之于建筑的较低层次。L. 克里尔简化还原而得来的欧洲城市广场无非是圆形、方形和三角形的几何构成。对于据此进行构思出来的各种形态不同的广场,即在历史中为适应不同需要而逐步发展的作品来说，这些几何形是一种"元设计"或元方案。

在区分设计的阶段和层次，或说建立"元语言"的领域上，意大利建筑师 F. 普瑞尼 (F.Purini) 进行了有益的探索。他在 20 世纪 70 年代末发明了一套建筑形式的字母系统。建立这种建筑形式的字母系统，其用意在于强调设计时在考虑建筑形式的细节之前，有必要有一个"元设计阶段"。普瑞尼在图表中将建筑的组成部分还原为它的基本要素，并相应地生成了一套基本句法，该句法将元素排列组合，从而建筑在一个恰当层次的构形中系统地展现出来。由此图表可以看出普瑞尼的设计类型学方法就是首先构造出一套"元语言"，即对构成建筑几何要素的词汇和基本句法进行构造（研究和设计），当对这套"元语言"构造完毕之后，再去考虑如何用这套"元语言"去构造具体的建筑作品，即"对象语言"[11]。

4. 类型学的历史观

现存的建筑类型是社会文化选择的产物，是面对相同或近似的居住生活要求，面对同样的客观制约条件而产生的，在建筑物中常会有一种类型以相适应。当然，同一问题可以有多种答案，但是人们倾向于遵循早期的成功经验，其结果通常是某种类型占有主导地位。这就是建筑类型学产生的原因。类型的发展有几个阶段，在某阶段中，社会、经济、文化和技术的条件促使一种类型产生。在寻找这种类型的阶段，会形成一种主流类型，这种类型发展到"成熟期"便会被作为一种样板。由于

[11] Manfredo Tafuri, *History of Italian Architecture, 1944-1985*, Translated by Levine Jessica (Cambridge: The MIT Pres, 1990).

图 4.1 意大利建筑师普瑞尼：根据剖面的分类 (Franco Purini, Classification of sections)

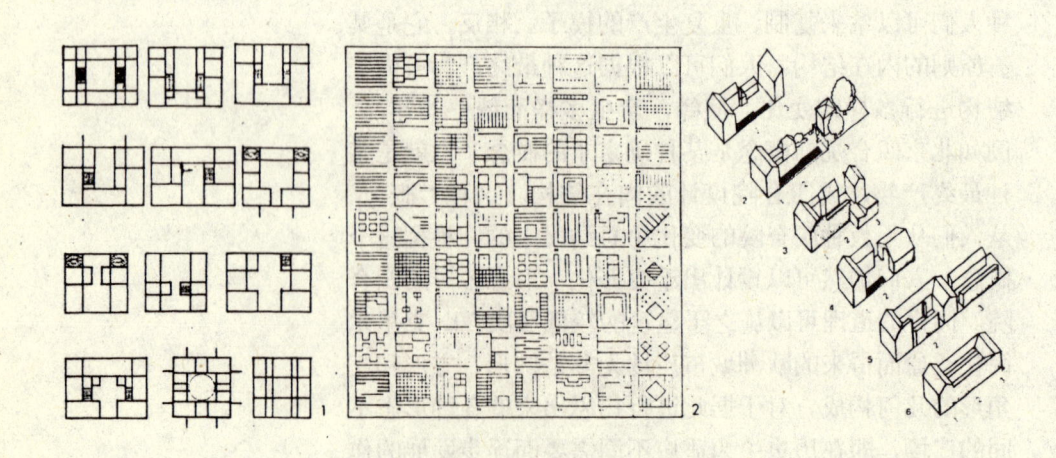

图 4.2 普瑞尼：理论设计 (Franco Purini, Theoretical desi-gns, 1980)

图 4.3 普瑞尼和特姆斯设计的卡斯特福斯市政厅 (Franco Purini and Laura Thermes, Project for the civic center of Castelforte near Latina, 1984)

受到特定建造条件和雇主要求的调节，据此类型发展的建筑作品又会发生变化，从而产生"变体"。在"矛盾和变化"阶段，随新的要求和限制条件的出现，迫使人们对定型"模式"进行调节，甚至构造出新的类型。哈佛大学城市规划和城市设计教授爱德华多·E.鲁左那(Eduardo E.Lozona)在他的《社区设计和城市文化》[12]一书中认为类型的社会选择过程在社区设计中有许多重要的用途。他认为对设计者来说了解某种类型处在发展过程中的何种阶段十分关键，因为这决定了人们对类型所采取的态度：要么充满自信地使用稳定和成型化的类型来设计；要么面对一种充满内在冲突的"陈规类型"；要么寻找一种更为合理的"原型"(Prototype)进行发展。当面对充满内在冲突的"陈规类型"时，人们会试图去发现在现有类型中存在的问题是否可以通过改进来解决，或急切需要一种新的类型。虽然影响选择、改进和产生建筑类型的因素很多，但是文化则是建筑类型发展的主要因素。

作为设计方法的类型学注重理性思维，欧洲一些建筑师认为人类的文明史为人们提供了丰富的建筑类型。意大利建筑师乔治·格拉西(Giorgio Grassi)认为建筑问题的关键在于对这些类型进行集合、排列、组合和重建（组）[13]。罗西则认为一种特定的类型是一种生活方式与一种形式的结合，并进而认为房屋的类型从古至今在本质上没有变化。这些观点具有传统和历史的特定视界，它从历史的恒定面上看待历史上出现的建筑。这种视界从人类生活的文化角度来观察，而不局限于实用和功能的领域。例如，对现代生活中的建筑加以研究，可以发现许多新建筑类型，如大型购物中心、高层办公楼、银行、机场等，但这仅是从功能分类上来认识这些建筑。如果从文化的角度讲，这些建筑形式均可从历史中找到先例。这些新建筑形式大多可以从历史上的建筑类型中演化而来，或对历史类型加以重组构成而来。从功能角度和文化角度来研究和设计建筑是截然不同的。在西方文化中，诸如"塔"、"仓库"、"廊子"、"柱廊"、"广场"、"中心空间"和"十字形组合"等，都有着各自的深层意义和特殊意味。它们在西方文化中有着自己的位置，是植根于历史和文化中的。罗西和格拉西等人的类型学方法就是对历史上的建筑进行总结，抽取出那些在历史中能够适应人类的基本生活需要，又与一定的生活方式相适应

12 Eduardo E. Lozono, *Community Design and the Culture of Cities: the Crossroad and the Wall* (Cambridge: Cambridge University Press, 1990).

13 Manfredo Tafuri, *History of Italian Architecture, 1944-1985*, Translated by Levine Jessica (Cambridge: The MIT Pres, 1990).

的建筑形式，并去寻找生活与形式之间的对应关系。例如，住宅中的中心空间的主题、建筑的柱廊、教堂的集中平面都是历史上适应人类生活方式的形式。对这些对象进行概括、抽象，并将历史上的某些具有典型特征的类型进行整理，抽取出一定的原形并结合其他建筑要素进行组合、变形，或根据类型思想进行设计，创造出既有"历史"意义，又能适应人类特定生活方式，进而根据需要而进行变化的建筑。

科洪在《建筑评论——现代主义与历史嬗变》[14]一书的类型学章节中，批评现代主义不讲类型学思想，即不讲传统与历史的方法论。他认为类型学的重要性其实质在于类型学思想辩证地解决了"历史"、"传统"与"现代"的关系问题，即"不变"与"变"的关系问题。类型学理性地对待历史与传统，对其筛选和批评，从中提取有益的、精确的历史文化内容带入现代社会，并结合特定需要进行再设计。

14 Alan Colquhoun, *Essays in Architectural Criticism: Modern Architecture and Historical Change* (Cambridge, Mass.: The MIT Press, 1985).

如果我们意识到城市建筑发展的历史和能动过程是一个对待类型的过程，是类型学的历史，那么在城市设计中对类型学进行研究就十分必要。旧城更新和新城规划宜采用类型学作为理论指导，重视城市的形态(morphology)和建筑类型之间的关系，从而在社会文化、历史传统和形式结构等多层面上去架设城市与建筑之间的桥梁。罗西在他1966年完成的《城市建筑》一书中阐述了人类历史中城市与建筑之间的内在关系是建立在类型学上的。罗西还用类型学思想进行了城市设计。艾莫尼诺说："让我们设想罗西设计一座新城，我相信他的方案将与以200年来许多美国城市为依据的方案相像：有一个街道系统，街道系统对城市用地进行划分，一个看上去像教堂的教堂、一座显而易见的公共建筑、一座剧院、一座法庭、住宅……每个人都可以对建筑进行是否符合自己心目中建筑的判断。"[15]艾氏的说法不免偏颇，但他的描述确是与20世纪八九十年代美国"新城市主义"建筑师DPZ设计的城市有许多相似之处。

15 Micho Bandini, Typology as a Form of convention, *AA Files 6* (1984).

5. 类型学与克里尔的古典主义城市复兴

哈佛大学的彼得·罗在讨论维勒有关类型学的论述时认为：罗西和克里尔兄弟的研究代表了类型学理论和实践中的两支主力军[16]。对美国后来出现的"新城市主义"影响最深的是欧洲建筑师L.克里尔。克里尔兄弟

16 Peter G. Rowe, *Design Thinking* (Cambridge, Mass.: The MIT Press, 1987).

对欧洲城市古典主义复兴运动的理论贡献很大。他们的城建理论成为后现代古典主义的主要组成部分。R.克里尔曾系统深入研究欧洲城市和建筑的构成要素及其构成原则，写出了《城市空间》[17]和《建筑构成》[18]两书，试图探索城市和建筑中的类型学构成原则。他认为城市广场无非由圆、方和三角形三种要素及其变体组成。R.克里尔以此得出了他的城市空间概念："街道和广场是严格精确的空间类型，街区则是街道和广场构成的结果"。通常，建筑师在建筑创作时可以采取两种策略：一是类型学的，一是形式上的。新古典建筑师接受了古典建筑的类型，而没有接受古典建筑形式。

20世纪70年代一些欧洲建筑师试图通过重新恢复历史建筑形式和传统欧洲城市的有形的公共空间来促成城市的合法性。1975年，R.克里尔的《城市空间》在德国出版。在书中，他认为只有空间的几何性质和审美特性的清晰性才能使人们有意识地将外部空间感知为"城市空间"。他认为城市空间审美特性的基本概念由类型阐明和分类，城市空间中每个要素的审美特性都是由局部的联结赋予特性的。他还认为，外部空间和内部空间的几何特征是相同的，区别只在于限定它们的"墙"的尺度以及交通和功能模式的不同。

R.克里尔认为城市的两个基本要素是街道和广场。广场是人类发现城市空间使用的第一途径，它对内向空间的控制程度较高，随之这种"庭院"类型的城市逐渐具有了象征的价值。在系统地阐述城市空间类型学时，他认为空间形式和其派生物可按其平面的几何图示分为正方形、圆形和三角形，以及由此衍化而来的三种主要集簇。他认为城市空间都由这三种形式变化而来，城市空间的尺度也与这些几何特性相关。平面要素的类型关系确定后则要进一步确定围合空间的要素。接着，他讨论了城市结构的问题，也就是"广场"与"街道"的交接问题。R.克里尔的概念是一种简化主义的城市空间概念，他的这一套理论被称作"实用类型学"。L.克里尔的城市设计则是一种精致、详细的城市设计，他"在方案中所思考的是试图以城市形态学作为反对分区制设计的武器，并以恢复恰当形式的城市空间作为对抗由分区造成的废墟。"

1975年，L.克里尔等人在伦敦组织了"理性建筑"展。1978年以同名出版了《理性主义》[19]一书。该书的

[17] Robert Krier, *Urban Space* (London: Academy Editions, 1979).

[18] Robert Krier, *Elements of Architecture* (Architectural Design Profile 1983).

[19] Leon Krier, *Rational Architecture* (Chronicle Books, 1993).

THE URBAN BLOCKS ARE THE RESULT OF A PATTERN OF STREETS AND SQUARES. THE PATTERN IS TYPOLOGICALLY CLASSIFIABLE.

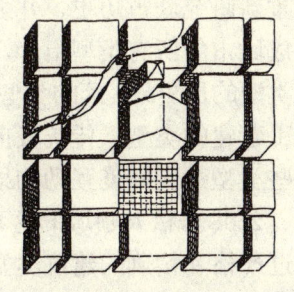

THE PATTERN OF STREETS AND SQUARES IS THE RESULT OF THE POSITION OF THE BLOCKS. THE BLOCKS ARE TYPOLOGICALLY CLASSIFIABLE.

THE STREETS AND SQUARES ARE PRECISE FORMAL TYPES. THESE PUBLIC ROOMS ARE TYPOLOGICALLY CLASSIFIABLE.

图 4.4 里昂·克里尔的城市空间模式 [Leon Kerior, Three models (types) of urban spaces]

宗旨在于复兴城市建筑，尤其是复兴欧洲城市。L. 克里尔对现代主义运动，尤其是第二次世界大战以后现代主义泛滥阶段对城市所造成的破坏进行了激烈的批判。他认为当现代运动的文化模式成为立法，它就成为一种工具。在这个过程中，城市空间和作为整体的城市就是商业化的，并由此加入了最大限度地榨取利润的循环过程。现代主义执迷于现代城市空间的"空旷性"，这种城市空间是与城市组织相分离的。现代主义过分强调在边缘或郊区中发展，以强调历史中心，随后通过交通和机械的手段解散其结构，从而强化了对作为具有复杂空间延续性的城市的分解。这样，作为空间系统的城市便被代之以作为建筑实体的系统，建筑师成为建筑工业无情的执行者。在现代主义城市和建筑理论中，分区制成为城市构成的基础，它也成为分解传统城市的利器。20 世纪 20 年代以来建筑日趋工业化，但工业化并没有降低产品的造价和成本，反而将建筑卷入了巨大的生产和消费循环中，其主要目的是最大限度地榨取利润。为了获取最大利润后期资本主义建筑工业不断创造新建筑材料和施工系统。新理性主义的核心是类型和形态范畴，它并不试图复兴 20 世纪 20 年代的理性主义，它关心重新创造公共领域。L. 克里尔认为将建筑策略限制在有限的几种，并着意刻画有限的类型会产生一种庄严和富有纪念性的新建筑领域。

为了对抗现代运动的反历史主义倾向，L. 克里尔提议重新研究城市历史,并去理解城市的所有构成类型和构成城市的所有类型组件。建筑和城市的历史应被看作是类型的历史:聚落的类型、空间的类型、建筑的类型、施工营建的类型。传统城市的物理和空间统一整合性是这些类型最大限度互动的结果。建筑和城市空间、实与虚、公共与私人领域的这种辩证法是理性文化的结果。通过严格和精确的建筑类型和城市空间形态关系得以重新建立公共建筑(纪念物)和城市组织之间的辩证法。L.克里尔认为新理性主义的结构将时间和记忆带入城市构成中。这种理性主义试图从如下几点来进行城市和建筑重建:

(1) 城市重建。

(2) 城市形态的辩证要素:街道、广场、街区——城市空间构成的三种模式。街道和广场代表了公共领域重建的必须和唯一的方法。L.克里尔强调建筑类型和城市形态必要的辩证关系。在这个辩证关系中,在纪念物(公共建筑)和没有明显特征的城市组织间确立了适当的关系。例如,罗西的加拉泰斯公寓使用了城市建筑

图4.5 里昂·克里尔凡蒂岗城中城 (Leon Kerior, Roma Interotta-City in the Vatican City)

的传统要素：街道、广场和柱廊。其目的是试图在建筑类型和城市形态之间建立适当的秩序。

（3）城市空间的重建。

（4）将住宅作为一种新城市组织的构成要素。

（5）大型公共建筑——只有那种能够传达一种类型复杂性的伟大的公共建筑与其集合的功能，才有足够的重要性，成为新纪念物，成为城市的参照点。

（6）将新建筑结构有机地融入现存的城市组织。

（7）城中城——为抵制功能分区所产生的那种无特征的社会和物质形式，L.克里尔提出了"邻里"的概念，"邻里"反映了一种有着特定物理规模的社会组织。它将工作、文化、休闲和居住结合为一个高密度的城市环境，成为一种城中城。

（8）纪念物和城市组织。

这几点是美国新城市主义设计理论和实践所强调和使用的，我们将在下一章中对其加以讨论。在研究使用类型学进行城市建筑设计实践的建筑师时，需要对罗西的建筑思想和理论进行讨论。

6. 罗西的类型学理论

罗西的早期学术生涯对他后来作出的贡献十分重要。这有两个原因，一是将他卷入了富有刺激性的社会和政治潮流中；二是使他得以通过写作来建立起所关心的文化主题，这些主题在晚些时候成为他的理论框架。在这个时期他开始对城市渊源进行讨论，此时他的思想受如下三方面影响：一是阿尔甘的历史主义和新马克思主义著作《格罗皮乌斯和包豪斯》；二是 T.W.阿德诺对资本主义消费社会的批判即社会批判学说；三是 E.佩斯(E. Pace)的现象学派对马克思著作的解读。学生时代罗西的兴趣在新古典主义，后侧重文化渊源的探讨，继而转向意大利城市论战，1964年前后，关注在城市层次上研究类型学和形态学之间的关系。他将建筑确立为自主的对象，并认为建筑的正确与否是通过历史上的惯例来确立的。他将建筑作为严格精确的领域来对待，认为建筑是理性地构造起来的，并认为在建筑领域任何一个操作均有严格的意义。从此确立了他在"新理性主义"运动中的地位。他的建筑理论一以贯之，是从对城市和建筑问题的考察中得来的。这种考察一方面是从意大利特殊历史文化和社会政治的角度进行的，另一方面是从更为广泛和本质的人类文化角度来构筑的。他是战后意大利新理性主义的代表人物,也是西方建筑界"新左派"(新马克思主义)的重要人物。他一直在从事重建"建筑"坚实基础的工作,试图在建筑理论构造中发现一致的内在逻辑。罗西的《城市建筑》与格拉西的《建筑逻辑构造》一起开创了意大利新理性主义运动。按弗兰普顿的观点,理性主义首先强调已建立起来的建筑类型在决定城市形态学结构方面所起的作用;其次,它试图为建筑制定必要与合理的规则和标准[20]。意大利建筑师 M. 斯卡拉里(M. Scolari)认为理性主义的目标是建筑的整体性,必要的逻辑清晰性、简洁性,以及操作的合理性。科洪进一步认为理性主义仅可以在意大利的文脉中加以理解,它是对 20 世纪 60 年代末意大利青年建筑师和学生卷入政治的一种反响,也是对某些通俗建筑的奇异性的一种反动,它强烈地受到法国和意大利结构主义语言学的影响[21]。新理性主义对早期现代主义没有兴趣,相反对整个历史感兴趣,它是选择历史上"古典"要素的标准历史主义。新理性主义这些特征罗西大都具有,尤其是对历史的观念,例如,罗西认为:"罗马时期的纪念物,文艺复兴时期的宫殿、城堡,哥特大教堂构成了建筑。作为建筑的组成部分,它们总是回复到历史和记忆中去。更重要的是它们成为设计的要素。"这个观点在一定程度上反映了他的"类似性城市"(Analogue city)的思想。自 1973 年为"米兰三年展"题为"理性建筑"手册写介绍以来,他就成为在建筑领域中寻找新的、内在统一和逻辑完整的理论构造的旗手。罗西认为,建筑是一种基于逻辑原则的活动,建筑设计需要对这些原则加以发展而来,由此产生他的理性设计方法。他认为这个理性并不仅仅是抽象的逻辑演绎。他的理性方法来自"类推思维",这要比简单的逻辑思维复杂得多。类推设计与他的理性思想结合产生了类型学理论(Typology)。从而设计就成为在一给定关联域中选择恰当类型的过程,这是一种客观理性而非主观的运作。他强调建筑的自主发展,维护建筑的自主原则,并希望建立建筑的严格理论。其原因有三,首先,他认识到建筑公共意义的丧失;其次,认为应该在物质和人文地理环境的变迁过程中研究潜在的意义,特别是在城市关联域中;最后,代替那种已经消失的统一语言,去考察设计和规划的客观、逻辑和分析方法。

[20] Kenneth Frampton, *Modern Architecture - A Critial History* (London: Thames and Hudson, 1982), P.290.

[21] 转见于 Alan Colquhoun, "Rational Architecture", *AD*, June 1975.

6.1《城市建筑》

罗西在《城市建筑》一书中认为城市依其形象而存在，这个形象是由某种政治制度为达到其理想形式而构造的。他将建筑问题放在广阔的社会和文化场所中来看待，他认为新城市设计包括采用不同的分析手段，以及重新使用从现存城市形式和空间材料中发现的原则这两方面。他认为建筑应是自为的，这是对现代主义的修正。现代主义强调城市建筑中意识形态的影响，强调城市和建筑改造社会的作用，将城市问题与意识形态问题混在一起。现代主义由政治或意识形态上的乌托邦导致对城市产生幻想，如柯布西耶的"明日城市"等作品。罗西虽然反对乌托邦和意识形态的参与，但并不试图取代和废弃源于现代运动的文化。他不制造幻想，从而放弃了那种认为建筑可以对社会道德和政治负责的观点。他试图恢复现代建筑的本来面目，引导其回到目前的现实中。他说："如果认为30年代的建筑能够解决德国的阶级对立，那纯粹是幻想和笑话。"[22] 罗西的观点虽然是反乌托邦的，但并不是全无政治意义的。他并不反对城市与政治的关系，而认为城市的形象是在它的政治制度的构架中揭示的。已故威尼斯大学建筑史教授M.塔夫里(M.Tafuri)在《建筑和乌托邦》[23] 一书中区分了两种对待城市的态度：一是将城市作为带有政治色彩的改造社会的手段。这是乌托邦实现政治的产物；二是将城市作为自主的对象。罗西对待城市的态度是两者的结合。

罗西在《城市建筑》一书中指出应该建立起建筑的类型以确定城市形态结构。城市中存在的现实形态凝聚了人类生存所具有的含义和特性，城市是它的聚合体，融合着意义和实体。城市是在时间、场所中与人类特定生活紧密相关的现实形态，其中包含着历史，它是人类社会文化观念在形式上的表现。该著作探讨了历史的要素和类型学，认为历史相似于"骨架"，这种骨架是对时间的衡量，骨架也承受着未来历史将在其上留下的痕迹。对罗西来说历史不仅仅属于博物馆，城市自身也应该是博物馆，但不同于威尼斯那样的凝固了的文物。城市是一种双重过程的产物。这种双重过程一是制造城市建筑的短暂时间；另一过程可以从罗西的"持久性"概念中见到。持久性以不同的方式对城市中的集体和单体制品施加影响。从知识论的角度看，过去和未来的区

---

[22] 转见于 V. Savi, "The Luck of Aldo Rossi", *A+U*, November 1982 special issue.

[23] M. Tafuri, *Architecture and Utopian* (Cambridge: The MIT Press, 1975).

别在于过去部分地是由人们今日仍然经验过去而感受到的,过去是由纪念物,即代表过去的物质符号来揭示的。城市中两个主要的持久要素是"住宅"和"纪念物"。罗西将前者区分为"住宅"和"单独的房屋"。住宅在城市中是持久的,个体的房屋则不是;城市中的住宅区可以经历若干世纪而不改变,但在街区和住宅区中的个体房屋则是变化的。城市中纪念物的情况恰好相反,纪念物之所以成为纪念物在于个体的制品保持下来。纪念物的物质形式使人们产生了个性和有关场所的意识,它是历史的记录和记忆的储存库。记忆以物质的痕迹被记录下来,纪念物记录了事件,事件在组成城市的物体上留下了印迹。因此,一些迫近而又无法预测的事件不可避免地要在城市建筑的空白处留下痕迹。他将纪念物定义为城市中的基本要素,纪念物作为具有象征功能的场所的性质与城市中的另一要素——住宅区别开来。作为城市中永久和基本的要素,纪念物与城市的生长辩证地联系了起来。罗西将基本要素定义为"既能延缓也可以加速城市都市化进程的要素"。当纪念物延缓了都市化的进程,它就是一种"病理症候"。病理症候尽管是持久的,却不能适应变化的条件。因此时间在其上就是终止、固定和凝结的。城市中的"持久"要素有时也是"推进性"的,"推进性"要素将过去带入现在,从而提供了一种可被经验的过去。它与都市化进程同步,不受制于原初的功能,也不被关联域所限制,而是因其形式而存在了下来。其基本形式在变化的功能中保持不变,其作用近似支撑点。这种形式有能力超越时间,适应不同的功能。罗西感兴趣于"推进性"和场所,他认为场所不仅由空间决定,而且由它们所具有的历史和最近事件持续不断地在同一地点发生所决定。它同化事件和感情,每一个新的活动在其中含有对过去的回忆和对未来潜在的"记忆",城市是人们对它的集体回忆。这样,城市与人之间的关系就成为现行决定的,无论是城市制品的集体回忆还是个人的个别记忆,开始时均构成同样的城市结构。在该结构中,记忆是对城市的意识与知觉。罗西认为当形式与功能相分离,仅有形式保持生命力时,历史就转化为记忆的王国。历史结束,记忆开始。历史通过事件的集体记忆组成,城市被赋予形式的过程便是城市历史,持续的事件构成了城市的记忆。"城市精神"存在于它的历史中,一旦这个精神被赋予形式,它就成为场所的标志和记号，记忆成为它的结构引导。这样，记忆代替了历史，由此城市建筑在集体记忆的心理学构造中被理解。罗西试图在城市中创造强烈的、不可言说的、沉静的结构。该结构是事件发生的舞台，它也为未来的变化提供了框架。

6.2 "类似性城市"的思想

罗西在"类似性城市"思想中假设将城市文明所有现存的各种纪念物都集中起来。这种情况有时是真实的，但大多数情况是心智关系存在于这些片断之中。是人们的心智将这些"片断"结合了起来，形成一个认识中的城市，或称意象城市。罗西将城市作为"集体记忆"的所在地，它交织着历史的和个人的记录。当记忆被某些城市片断所触发，过去所遇到的经历就与个人的记忆和秘密一起呈现出来[24]。罗西从这个观点出发并结合对城市组成部分的研究形成了"类似性城市"的观念和类型学理论。这种思想在一定程度上受精神分析学派的影响，尤其是荣格对集体无意识的研究。"集体记忆"可说是"集体无意识"在城市研究中的变体，它们都研究人类心理。"集体记忆"是专用于分析描述无法从个人的经验中推演出来的内容和现象，荣格选择"集体"这个术语是因为它不是个人的，而是普遍的，任何人都具有那种对或多或少具有相似性内容和样式的记忆。换言之，它在所有人中是相同的，因此组成超越个人的共同心理基质，并通过每个人表现出来。因此，"集体无意识"又与"原型"相联系。这表明在精神中存在着时常出现的形式。集体无意识被描绘成无数同种类型的经验在心理上残存下来的沉淀。罗西的城市"集体记忆"概念具有相似的性质。由于集体无意识和记忆由同一社会组团的人们所共有，故有相似之处。个人的城市记忆虽因人而异，但总体上具有"血缘"的相似性。因此，不同人所描绘的记忆中的城市具有本质的"类似性"。这就是"类似性城市"的思想和哲学基础。

弗洛伊德有关将不同历史时期建筑并置的哲学思想对罗西的"类似性城市"有着影响，弗氏说："现在假设罗马不是一个人类居住地，而是有着同样悠久和丰富历史的心理存在，就是说在此存在中曾经出现过的将不再消失，所有发展的早期阶段与较晚阶段一同继续存在……如果我们希望在空间领域表现历史的顺序，那么

[24] P. Buchanan, "Aldo Rossi: Silent Monuments", *AR*, October 1982.

就只能用在空间中并列的方法来表达它。因为同样的空间不能有两个不同的内容,这揭示了借助形象化的手段距离掌握心智生活的特性有多么的遥远。"[25] 实际上,"类似性"的时间因素就是将顺序的时间叠合在一起,将不同历史时期的对象放在一起,使其在一个场面中同时出现。这样,"历史性"(历时性)就成为"共时性"的表现了,原来的"纵组合"现在成为"横组合",由此可见"类似性"思想深受结构主义的影响。类似性城市也是从真实的城市中抽取出来的。

罗西的类似性城市思想在 20 世纪 70 年代得到充分发展,尤其表现在他所创造的"类似性城市"绘画中。这是在画面上将不相关联的建筑物和城市片断及部件拼贴在一起的图像。这幅画的构成方法与罗西采用的设计方法相同,均是所谓"加法"。加法法则与罗西有关城市和建筑的"部分和片断"的学说有关。按照这个学说,人们感受到内在于城市结构的非理性因素,这使得研究由多样化的纪念物、住宅区等拼凑起来的城市建筑实体不是完全理性的。按 D. 斯图尔特 (D. Stewart) 的观点,这个事实说明罗西的"类似性"思想是由荣格"类推思维"的概念衍化而来的[26]。它说明采取非理性态度至少可以

25 转见于 P. Eisanman 为 *The Architecture of the City* 所写的前言. MIT 1982 pp. 35-41.

26 D. Stewart, "The Expression of Aldo Rossi," *A+U*, May 1976.

图 4.6 阿尔多·罗西:"类似性城市"(Aldo Rossi, Analogical City, 1976)

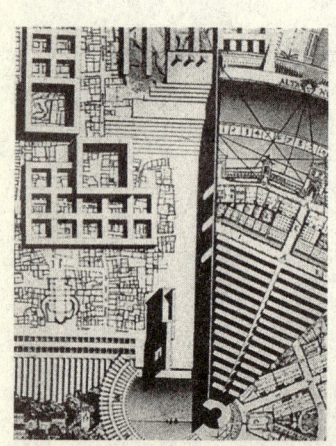

维护城市的暂时性,这种暂时性就是人类对城市的记忆和在心智中的形象。瞬时心智中的形象是以"部分和片断"以及加法的方式存在的。这样,心理存在转化为真实城市实体就是罗西"类似性城市"思想的真谛。

罗西认为他的每件作品都受"类似性城市"思想的影响。他认为类似性的概念可以转化为设计方法中逻辑思维的运用。他用卡纳莱托(Canaletto)绘制的威尼斯景色来解释这个概念。在这幅作品中,帕拉第奥设计的桥、巴西利卡和广场这三个实体被安排在一起,犹如画家再创造了一个真实的城市景观,这三个纪念物构成了一个既与建筑历史又与该城市自身相关的、由确切的要素组成的威尼斯的真实类似物。罗西这种思想在走向类似性建筑概念中得到进一步的塑造。他引用荣格有关"类推"概念作为论据:"逻辑的思想是在语言文字中表现的并以对话的形式指向外部世界。而'类推'思想则被领悟为非真实的、想象的和不可言传的,因此它是非对话的,是对过去主题的沉思冥想,是一个内部的独白。逻辑思维在语言中思考,类推思维是古风、原始的,是不可言说的。在实践中,它是无法用语言表达的"。[27] 由此,罗西认为他发现了卡纳莱托绘制的作品之所以具有魅力的根源。在这幅画中,帕拉第奥设计的各种建筑以及这些建筑在空间中位置的运动构成了一个类似性的表现,这个类似性表现是不可用语言来表达的。这样,类推的方法为过去和现代建筑实体的共存提供了理论和方法。类推方法在罗西的摩德纳墓地设计工作程序中得到实现。在他重新绘制该设计和表现各种各样要素的每一过程中,以及对那些需要强调的部分着色时,绘画自身同样具有了与原构思等同的自主地位。这种构思是尚未成型的心智运动,一旦形成,它就是原构思的类似物。也可以说,原初的创作观念仅是完成的设计方案的类似物。罗西认为这种类似性解释了其中的魅力,解释了生产同一形式的若干变体的原因。

"类似性城市"的思想是一种"类推思维",类推思维不借助语言文字来表达。类似性城市思想和类推方法主要的贡献在于形式创造领域,对"元设计"(meta-design)是十分有用的工具。萨维列举了"类推设计"(Analogical design)的程式:

(1) 引用存在的建筑片断(quotation)。
(2) 图像类推(iconic)。

[27] C. C. Jung, *The Concept of the Collective Unconscious, The Collected Works of G. C. Jung* (London, 1968).

(3) 换喻 (metonymy)。
(4) 产生同源现象 ((homology)[28]。

罗西的"类似性城市"思想是一种综合性的研究，这与他早期的《城市建筑》中表现的分析和分解研究方法大相径庭了。

6.3 设计和设计思想

与理论相比，人们讨论更多的是罗西的建筑方案。罗西的设计作品丰富，其最大特点是表现"类型学"和"类似性"建筑观点。设计中的类型学与类推思想有着紧密的关系，都强调"类"这个要素，或称不变的深层结构，为了寻找深层结构，需要简化还原的步骤。简化还原有两种方式：一种是寻找历史中，或众多建筑中具有典型文化意义的类型，并根据当代文化、社会和生活需要加以调节。另一种是寻找出对地区传统有着深层价值和意义，对本地区和文化具有影响的建筑要素，对其进行抽取而加以使用。

在加拉拉泰斯公寓(1968-1976年)中他使用了由一系列窄条柱子组成的柱廊。柱廊的原型来自对意大利城市建筑的研究，由于它与当地人们的城市生活经验相联系，因此激发了人们对传统米兰公寓的联想和记忆。罗西说使用廊子的原因是："我更喜欢借助熟悉的对象，虽然其形式和状态已经固定，其意义却可以变化，原型的物体揭示了永恒关注的主题。"[29] 他进一步认为这种存在(对象)介于"储存"和"记忆"之间。如果考虑到记忆的问题，建筑就转化为自传性的经验，它与新添加的意义一起变化。

摩德纳墓地(1976年)[30]是罗西设计的富有哲理和宗教意味的建筑。它由三个基本要素组成：

（1）外围环绕"墙"，这是一个有坡屋顶的房屋；

（2）在轴线的一端为立方体，这是一个"废弃"、荒凉的构筑物。它仅仅是一个框架，没有屋顶和楼层，四面墙的三面上排列着有规律的孔洞。它是集体的纪念场所，宗教和葬礼仪式在其中进行；

（3）在轴线的另一端是一锥形体，它用作公共墓地。在锥形体与立方体之间又是一个半围合呈墙形的建筑以及在平面布局上呈鱼骨状布局放置骨瓮的构筑物。所有这些组件均使用最基本的形式，采用同样的韵律和材料。

该建筑所塑造的阴影与乔治·德·基里科 (Giorgio de

---

28 V. Savi, "The Luck of Aldo Rossi", *A+U*, November 1982 special issue.

29 Aldo Rossi, "Analogue Architecture," *A+U*, May 1976.

30 Aldo Rossi, "The Blue of the Sky: Madena Cemetery," *Architectural Design*, December 1982.

Chirico)作品中表现的阴影相似,表现出"死亡"的气氛。罗西用建筑表现"终结"和"死亡"的意识,对他来说"立方体是废弃或未完成的房子,也可以将其当作被火烧毁的废墟。圆锥体是一废弃工厂的烟囱。"该组建筑是有关没有生命的死亡建筑,它的类似性是与"死亡"相对应的。墓地的建筑是亡者的住所。罗西认为死亡表达了两种界限不明情境的一种过渡状态。立方和角锥体用作两个重要的纪念性要素。罗西认为使用空房子的墓地形态是对生活的记忆和纪念生命的区域。

"威尼斯世界剧场"(1979年,又称漂浮剧场)是为"威尼斯双年展"设计的。它集建筑和船于一身,其关键和精彩之处在于漂浮性。罗西认为该剧场是否在水上漂浮并不是关键,关键在于可以漂浮,它可以围绕整个地球或在地球表面以上漂浮。这是表现在建筑中的一种生命流转的意识,是一种超出世界界限的建筑观,是对建筑本质的认识,故名之为"世界剧场"。该剧场从建造地沿水路拖到威尼斯时,与沿途经过的意大利城市景观自然地融合起来,有时甚至使这种"新景观"更为迷人。

图4.7 阿尔多·罗西设计的加拉拉泰斯公寓外观 (Aldo Rossi, Gallaratese 2, 1969–1973)

它与沿途经过的城市景观一起创造了一系列暂时性的存在和景观。这些存在在人们心智中或记忆中留存、积聚、拼合起来，形成一种心智或记忆的城市世界。它的漂浮过程体现了"类似性城市"的思想。该剧场实体与意大利城市文脉接续起来而具有了新的意义。它与环境融为一体的效果是罗西精心选择几何要素并对要素抽象层次的恰当把握而达到的。

罗西的建筑世界是一个沉寂静默的世界，他的建筑强调纯粹性、符号性及原型，采用简洁的几何要素，严格的几何学构图和类型学选用的母题，以及类推设计方法达到类似性效果。通过简单的几何要素构成凝重的形式，以及宗教和神秘的气氛。他强调空间秩序形成一种数理世界和中性的形式，这与他强调几何构图和建筑的科学性质有关，也与他强调建筑的自主性有关。罗西的建筑来自他深刻的理论洞察和思想体系的构造，来自意大利的文化传统，来自他个人的性格和宗教气质。他的作品包含着他对世界、对人生、对建筑、对人类生活或世界的感受和把握。对罗西来说，建筑是他对人类生活

图4.8 阿尔多·罗西设计的摩德纳墓地建筑局部 (Aldo Rossi, Madena Cemetery, 1971–1984)

图4.9 （右页图）阿尔多·罗西为摩德纳墓地设计绘制的草图 (Aldo Rossi, Madena Cemetery, 1971–1984)

四、类型学：类推的建筑

或世界感受的直接体现,这是一种个人的独特理解。罗西的理论思想具有很强的反现代主义和先锋派建筑理论的成分,尤其是反对现代主义的两个理论根据:实证逻辑和对进步的盲目信仰。作为威尼斯工业大学教授的罗西具有威尼斯学派的特征,即所谓的"后卫性"(Rearguard),这是针对"前卫派"(先锋派)而言的[31]。如果说当代世界建筑存在的深刻冲突是在先锋派和经验主义之间的话,那么罗西是经验主义者。对罗西的建筑,评论家们也是矛盾的,许多人赞扬他的理论分析的科学性质,但对他的人文主义和人道气质有异议;另一些人欣赏他的作品的形式特性,但批评他接受了存在的城市条件,而没有历史的观点。

罗西、欧洲城市主义者克里尔兄弟和美国新城市主义的代表 DPZ 等人运用城市建筑类型学设计手法在理论和实践中较好地解决了社会与文化、传统与现代、形式与内容、城市与建筑之间的关系问题,为城市建筑实践提供了可资借鉴的理论与经验。

31 The School of Venice, AD 59.

图 4.10 阿尔多·罗西设计的加拉拉泰斯公寓局部 (Aldo Rossi, Gallaratese 2, 1969–1973)

五、新城市主义

新城市主义作为一种运动已有若干年的历史。在美国有关新城市主义热火朝天的讨论在20世纪90年代初到90年代中期已经基本结束。新城市主义的影响力超出建筑领域，它为社会公众、营建开发商、城市规划、市政管理、政府部门、政界人士所关注。产生这种现象的表面原因是新城市主义市镇设计和改造采用的一些手法较容易为建筑和城市领域外的人们所理解，新城市主义建筑师使用的一些形式和策略引发了大众感情上的共鸣，认为触及了居者所关心的问题。最容易为人们所理解的是新城市主义设计采用了"传统建筑形式"和"传统城镇尺度"。从专业和更深层的角度讨论新城市主义引起人们的反响的原因有三：一是人们对小城镇生活中浪漫和富有诗意生活的向往；二是新城市主义的城镇模型具有可持续发展社区的性质；三是新城市主义的设计更重视行人，它将步行系统的重要性提升到车行道之前，将对行人的重视提升到对汽车的重视之前。由此产生的环境对人们有很强的吸引力。

新城市主义实践始于20世纪80年代初的美国，到90年代初成为城市设计的主流。新城镇设计方面的代表是建筑师安德烈斯·杜安尼和伊丽莎白·普蕾特－兹伯克(Andres Duany & Elizabeth Plater-Zyberk，简称DPZ)。他们以滨海城(Seaside)、坎特兰镇和温塞镇为代表的一系列城镇设计使得"新城市主义"广为人们所知。DPZ依据他们对区域法、区域基本建设、交通工程和造价的熟悉开始了一场改变美国郊区设计基本原则的运动，这场运动发展到后来就成为今日人们称之为"新城市主义"

的运动。人们认为"新城市主义"的城镇是一种紧凑、具有严密织构的社区。其发展模式结合了目前的社会和环境考虑，如减少机动车使用量，鼓励使用公共交通，使用更为多样、复杂和混合的住宅，尊重自然环境和具有历史特征的场所，保持传统市镇的特征（如宜人的尺度、蜿蜒的街道、明确界定的公共空间、在步行距离内的多用功能中心、和多样的住宅类型）以及使用区域和传统的建筑形式等。大众对 DPZ 设计的城镇在建筑上使用传统建筑形式和风格十分喜爱，但是这些城镇成功的真正原因还在于 DPZ 在设计上采用的微妙的城市主义传统：设立市镇中心、市政建设、使用街道网格和狭窄的街道、缩小的建筑地界和重新限定建筑红线。他们在设计中一是倡导将郊区土地分划作为城镇设计来对待；二是向分区制常规提出挑战，并制定能够形成场所的以传统模式为基础的城市和建筑条例和法规；三是与直接营造现代郊区景观的人们交流和合作。他们的设计思想和理论强调传统、历史、文化、古典主义、地方建筑传统、社区性、邻里感、场所精神和生活气息，创造了具有意义的场所，重新建立人们失去的步行道、行列树、街角商店和邻里活动区。这些设计显示了设计者对人类天性的理解，也显示了他们对存在于社团、环境构成、场所意义之间存在着的逻辑的理解，他们的成功寓于规划设计的历史感。在设计滨海城时，他们对美国城镇设计历史进行研究，从中发现规律、模式和教训。滨海城是最先开始对美国城镇、郊区和区域进行严格检讨的实例，它首先采用美国城市传统，即变化多样的小型花园城市作为样本，对 20 世纪 50 年代郊区住宅区病态的街道和邻里加以改变。20 世纪 90 年代是滨海城被作为城市模型加以推广而成果丰硕的时期。这个时期的城镇建设特点是老式的、高密度的、小尺度和亲近行人的。该模型成为美国城镇规划和设计的范式。

新城市主义的主要理论著作发表于 20 世纪 90 年代初。最早出现的理论著作是道格·凯包夫 (Doug Kelbaugh) 和卡斯洛普编辑的《步行街手册：一种新城市设计策略》(Pedestrian Pocket Book: A new Suburban Design Strategy)[1]。这本出版于 1989 年的手册只有几十页，但内容诚实、温和而谦恳，具有较强的学术性。其后出版的是 DPZ 的《城镇和城镇创造原则》(Towns and Town-Making Principles, 1991 年)[2] 和所罗门的《重建》

1 Doug Kelbaugh, *Pedestrian Pocket Book: A new Suburban Design Strategy* (New York: Princeton Architectural Press, 1989).

2 Andres Duany and Elizabeth Plater-Zyberk, *Towns and Town-Making Principles* (Harvard University Graduate School of Design, 1991).

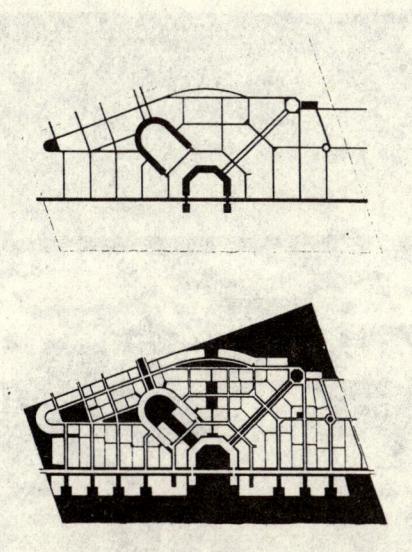

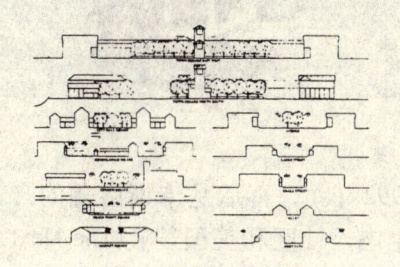

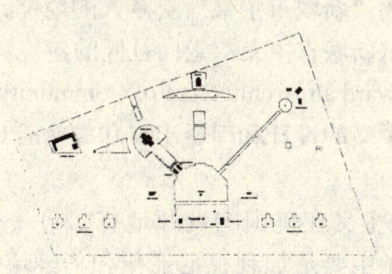

图 5.1 DPZ：滨海城图示
(Andres Duany and Elizabeth Plater Zyberk, Seaside Plans, 1981)

图 5.2 DPZ 设计规划的滨海城城景 (Andres Duany and Elizabeth Plater-Zyberk,Tupelo Circle, Seaside, 1981)

3 Daniel Solomon, *Rebuilding* (New York: Princeton Architectural Press, 1992).

4 Peter Calthorpe, *the Next American Metropolis: Ecology, Community, and the American Dream* (New York: Princeton Architectural Press, 1993).

5 Peter Katz ed.,*The New Urbanism: Toward an Architecture of Community* (McGraw-Hill, 1994).

(ReBuilding,1992 年)[3]。再后是卡斯洛普的《下一代的美国都市：生态，社区和美国梦》(The Next American Metropolis:Ecology, Community and the American Dream, 1993 年)[4]。上述三部著作都是作者通过总结自己的设计和规划实践，系统地提出了设计理论。DPZ 和卡斯洛普的著作实际上是设计模式著作，人们可以依据他们在书中提出的原则和模式进行设计。这些著作和设计实践奠定了他们成为"新城市主义"奠基人的地位。旧金山建筑师凯兹的《新城市主义：走向社区的建筑》(The New Urbanism:Toward an Architecture of Community, 1994 年)[5]则是新城市主义的设计和理论出现和成熟后对该运动的一种总结。

新城市主义在美国的发源地有二：一是东南部，二是西海岸（主要是加利福尼亚州和华盛顿州）。东南部其实主要就是以佛罗里达州迈阿密为中心，毕业于耶鲁和普林斯顿大学的建筑师杜安尼和伊丽莎白·普蕾特-兹伯克 (DPZ)。他们的理论和思想表现在《城镇和城镇创造原则》一书中。西海岸的情况稍微复杂一些，人员较多，分支和流派也较杂，但主流是以伯克利加州大学和旧金山为中心的旧金山湾区的教授和建筑师。东南部的 DPZ 侧重于美国郊区的新城镇设计，其主要设计项目大都位于美国南方。他们的作品较多，而且由于是新城设计，其城镇和建筑形象对公众的影响也较大，受到的宣传也较多。西海岸的新城市主义的贡献主要有两方面：一是城郊区域规划和设计，并将可持续发展的讨论引进城市和社区设计。其主要代表是当时任职于伯克利加州大学建筑系的讲师卡斯洛普。他是最早进行新城市设计理论和实践讨论的人物，主要从城市步行街系统的设计和研究入手。当时伯克利加州大学建筑系教授马克·麦克(Mark Mack)与他一起进行了由国家环境署资助的有关发展"步行口袋"思想的主题研究。他们的研究在伯克利加州大学建筑系的工作室进行了 6 年，当时在伯克利进行此方面设计研究的还有拉尔斯·勒如普 (Lars Lerup)，西蒙·范迪瑞恩 (Sim Van der Ryn) 和丹·所罗门 (Dan Solomon) 各自领导的工作室。同时，由华盛顿州立大学建筑系主任凯包夫主办的系列研讨会也是针对此论题进行的，与会的主角是从伯克利来的教授。其中第七次研讨会的内容由凯包夫和卡斯洛普编辑出版了《步行街手册：一种新城市设计策略》。卡斯洛普还是最早进行城市和社区可持续发展研究的建筑师。1986 年他与范迪瑞恩出版了《可持续社区》(Sustainable Communities) 一书。而全面系统阐述他的城郊可持续发展的城镇理论著作是《下一代的美国都市：生态、社区和美国梦》，这是系统地从可持续和生态角度论述新城市、社区设计和区域规划理论的著作。西海岸的另一贡献是有关旧城改造和旧

图 5.3 DPZ 的"滨海城"采用结合多种建筑风格、类型和使用的方法（图中主要建筑为霍尔的"杂交建筑"(Andres Duany and Elizabeth Plater-Zyberk, mix of style, type & uses, Seaside, 1981)

城社区街区的重新设计。这一领域的主要理论和实践者是伯克利城市设计和建筑教授所罗门。所罗门的设计实践集中在加州旧金山湾区。他的城市设计和旧城改造理论是通过对自己的建筑项目和方案的设计总结而获得的，其理论反映在《重建》一书中。

1996年4月的《建筑》杂志是以"新城市主义/旧城市主义"为主题的，其中的一篇文章将新城市主义的发展方向分为四个领域：新城市主义的住宅开发区、新城市主义的郊区、新城市主义的城市改造和新城市主义在美国国外的发展[6]。其实，新城市主义理论和实践可以分为三个领域，即新城市主义的郊区设计理论和实践、新城市主义的区域规划和生态可持续发展，以及新城市主义的旧城改造。这三个领域的主要代表是：DPZ、卡斯洛普和所罗门。下面通过上述三位建筑师的实践和理论，从这三个论题对新城市主义设计实践和理论进行讨论。第一个论题是有关DPZ和卡斯洛普的郊区新城镇设计的，第二个论题是有关卡斯洛普有关区域规划和可持续发展的，第三个论题是关于所罗门旧城改建的。

1. 郊区的城镇模型

DPZ和卡斯洛普的设计实践主要是针对郊区发展出的设计策略。郊区曾经是进步思想和激进政治的载体。19世纪末霍华德在他的乌托邦社会改良著作《明日的花园城市》[7]一书中提出了将郊区提升为城市和乡村之外的第三种生活区域的思想。自美国建国以来，人们就一直保持着那种所谓的美国梦，这个梦便是能够生活在既靠近城市又接近乡村的地方。要有自己的地产，要能有不断搬迁的自由，要有自主性和隐私权，所有这些都在一定程度上与建立良好的社区有着矛盾。20世纪五六十年代后，美国中产阶级为逃离大城市的各种弊端，而向郊区发展。他们认为郊区是发展和实现自己生活理想的地区，导致郊区大规模的扩展。但是，现代主义的郊区规划原则和方法并没有创造出一种美好的社区，而是造成以车为主，铺展而没有明显形态和特征的中间环境。为改变这种状况，DPZ提出采用小城镇形态作为设计原则的思想。他们认为既然大多数郊区单元的规模远远超出传统和历史上的城镇规模，就应该回到使用过去通常指导城镇设计的原则来设计郊区，而小规模的城镇形态便是基本的原则。小城镇是城市主义的一种

6 Heidi Landecker," Is New Urbanism Good for America?," *Architecture*, April 1996, pp.71-77.

7 Ebenezer Howard, *Garden Cities of Tommorrow* (London: Faber and Faber, 1965).

五、新城市主义

图5.4 DPZ 的城镇设计 (Andres Duany and Elizabeth Plater-Zyberk, A Village Near Annapolis)

特殊形式，它与大城市不同，有其自身控制市镇规模、成长、扩展，以及对公共领域形态、构造和组织的内在力量。对小城镇的理解需要研究其空间经验和平面图示。小城镇的正常衍化需要采取相对稳定的解决方式对待城市关键部件和内容，保持这些关键部件和内容的解决方式、设计策略、形式体量的设计原则便得以保证城镇特色、形态和空间经验不因那些不断变化的要素的变化而改变。

DPZ和卡斯洛普的"新城市主义"反对现代主义郊区设计策略，他们认为现代主义采用铺展的低密度郊区设计思想，使得城镇没有活力。现代主义不成功的原因一是现代主义规划理论没有重视步行街的重要；二是过低的密度无法使邻里和社区有足够的居民来支撑商业和工业活动；三是现代主义功能分区隔离了有机的生活，使得郊区成为单一功能的社区。但是，新城市主义设计并没有区分出城市、郊区和城市内部街区重建的设计策略。尤其是对现代主义思想和理论进行猛烈攻击的卡斯洛普，在设计上并没有解决和改变郊区扩散的现状，他们提出的仍然是郊区设计策略，而没有提出真正的城市设计策略。实际上，人们普遍认为新城市主义思想和设计策略，以及其主要对象仍然是美国郊区。新城市主义者们也声称未来的美国郊区看上去会更像过去的城镇[8]。

DPZ认为新城市主义的基本构成要素是邻里、小区和交通走廊。邻里是有着各种活动的城市区域，小区是一种以功能为主导的区域，交通走廊是邻里和小区之间的联系或分割。DPZ将邻里或社区定义为居住、工作、商店、市政建筑和公园的一个平衡区域。它有着中心和明确的边界，从中心到边沿的最佳尺度是1/4mile；邻里有着多样而且平衡的活动，包括居住、工作、购物、教育、娱乐和锻炼；邻里将建筑场址和交通编织在一个合理的、相互联系和良好的街道网络系统中；邻里将公共空间和市政建筑的位置放在首要的地位。

新城市主义的一个重要特点是在新城镇设计中对建筑类型学的重视，其信念是城镇设计要遵循城市设计类型学。DPZ在设计中规定在某一特定城镇中可用和不可用的类型，普蕾特-兹伯克说："我们的哲学是城市设计直接来自对建筑类型的了解和掌握……，如果不采用类型的思想和范畴进行思考，建筑和城市就变得混乱一片、模糊不清。"[9] 这是对意大利建筑师罗西有关城市形态和

[8] Thomas Fisher, "Do the Suburbs Have a Future," *Progressive Architecture*, December 1993, p.36.

[9] 见 David Mohney and Keller Easterling ed., *Seaside, Making a Town in America* (New York: Princeton Architectural Press, 1991).

建筑类型学理论的继承。罗西的《城市的建筑》[10]一书是从对欧洲战时城市大规模破坏和战后重建开发而来的。他试图从欧洲城市历史中寻找答案，从中发现城市是如何生长，如何在历史中转变，以及建筑类型如何与进入城市的形态一起进化和转变。罗西所提出的不是一种建筑形式和风格，而是一种分析的方法，一种处理城市住宅、设计和变化的手段和方法。这种方法考虑了特定历史和变化的模式和传统，从而建筑类型就成为罗西建筑设计的一个主要手段和坚实基础。对罗西来说，建筑类型并不是抽象的，而是根源于特定风俗、特定城市或特定城市区域的传统习惯。罗西反对重复使用类型，而强调在对特定城市经过详细分析的基础上对类型进行创造性的变化并加以使用，这点正是 DPZ 在设计新城镇时特别重视的。

在 DPZ 发展其城市设计模型和设计原则的初期，他们对欧洲理性主义城市设计理论家、折中主义古典建筑师克里尔兄弟的城市设计理论很感兴趣。R. 克里尔的《城市空间》和《建筑构成》两书试图探索城市和建筑中的类型学构成原则。他认为"街道和广场是严格精确的空间类型，街区则是街道和广场构成的结果"[11]。R. 克里尔讨论了从古典和传统欧洲城市中抽取城市空间创造的规律，那就是重视城市街道和广场等城市空间的塑造。L. 克里尔的理论探讨具有一种理想性，这是一种复古的乌托邦理想。通过克里尔兄弟的著作，DPZ 得以理解真正的城市是如何建造和形成的。由于克里尔兄弟所论述的是欧洲城市模式，DPZ 决定采用克里尔兄弟的城市思想并结合美国城市历史、文化和建筑类型，尤其是滨海城所在地区的美国南方乡土城镇形态和乡土建筑的类型去形成一套美国城镇建造方法。在接到设计规划任务后，他们在美国南方对小城镇进行摄影、测绘，观察街道、树木、停车场、商店和门廊等。经过测绘他们认识到小城镇可以为今日的城镇设计提供一种模式。据此，DPZ 为滨海城提出了城镇平面和一套城市规则。他们提出对典型住宅区街道构成方式进行大幅改变和重构的方法和方案，修改现代城市组织结构和空间的程式设计，以有机、协调和统一地指导城市如何在有控制、有参数的情况下增长的设计标准取而代之。实地考查表明传统城镇的街道、公园和广场模式，以及靠近街道的住宅和住宅凉廊与紧密的社团和邻里之间的关系。他们识别出那些

10 Aldo Rossi, *The Architecture of the City* (Cambridge: MIT Press, 1988).

11 Robert Krier, *Urban Space* (London: Academy Editions, 1979).

构成紧密社团和邻里的基本物质要素,这些要素包括总体平面和规划、街道网络、步行道系统、街道剖面、限定性平面和法规。每种建筑类型模式都与某种特定城市街道类型相对应。他们的设计原则是遵循城市设计的类型学,这个原则是从美国传统城镇和社区规划中寻找出基本设计原则,并发现社区构成的基本要素,建立起一套设计和构成的基本法则。

他们认为,建筑师和城市设计者在新城镇设计开始时就要制定城市法规和建筑规章,以获得预期和计划的城镇结果。法规是一系列文件以保证执行城镇设计,城市条例和法规用来控制私人建筑与公共建筑和空间邻接的界面,即形成公共空间有关的部分;建筑条例控制建筑的材料、构成和营建构造技术。在一个没有经过长时间历史衍化过程和没有经过多个开发商参与经营、开发的城镇设计中,法规在鼓励多样性的同时,保证能够构成社区特征的协调性。法规在三维空间上为实现城镇设计的思想提供了工具,它保证在空间上对街道和广场加以限定,保证可以预见三维空间的结果。例如滨海城的城市法规,在道路宽窄、园林绿化、地产规模和住宅类型的相互关系上设定了标准。

他们认为在一座新城镇中,如果仅有一家事务所进行建筑设计,这样的城镇不可能获得真正的多样性。只有多样化的作品集合,才能形成一个真正城镇的特征。DPZ在设计中试图避免那种一次性设计所产生的速成城镇,试图建造一种具有历史感的真正城市,而这只有通过不同建筑师在历史的不同阶段来完成。为取得城镇的统一与变化的协调,为保证城市各方面的质量,需要一定程度的控制,这就需要拟定一套城镇和建筑规章,建筑规章在一定程度上造成了城市的某种统一性。滨海城的成功还在于其制定的城镇法规和建筑规章的成功。建筑师为特定设计项目和城镇制定特定的设计法规,根据历史研究,决定街道和建筑,尤其是临街建筑的尺度。

2. 区域设计和可持续发展社区

卡斯洛普将新城市主义城市设计原则用在区域上。他认为首先应该在整个都市区域上使用这种以多样性、行人尺度、公共空间和有界限的社区结构来定义的城市主义,无论是在城市内、郊区,还是新开发区;其次,在整个区域上都应该使用类似于城市设计的方法进行设计。区域应该与社区和邻里一样来架构，那就是应该有公共空间、辅助步行街和行人的交通系统，还应该多样化、有等级秩序，有可识别的界限。这种思维认识到应该在社会、经济和生态上将城市和其郊区以及其自然环境作为一个整体来对待。作为整体区域的都市设计应该遵循社区设计的态度，那就是有明确的界限，交通系统应该为行人服务，公共空间应该是正式的而非零碎的剩余之地，公共和私人区域应该形成一种互补的等级等。

卡斯洛普的城镇和社区设计在本质上是一种"可持续发展"的城镇和社区模式。可持续发展的城市和社区概念考虑诸如土地的使用、城市和郊区扩散、城市生长界限、合理的郊区城镇模型、旧城和城市中心的复苏、城市交通的多样性与社区和城市组织、生态与社区和城市空间环境、城市文脉等问题。实际上任何使社区、邻里环境，以及生活空间得到改善的措施，任何创造良好社区和邻里空间的规划设计措施在本质上都为节省财力、物力和能源作出贡献，是创造可持续发展的社区和邻里的根本方法。这样的社区由于居住者的满意程度高，而减少了重建、改建和加建的数量，从而是可持续发展的。创造合理、舒适、紧凑和具有生活气息的社区的另

图5.5 卡斯洛普设计的南布兰特伍德村 (Peter Calthorpe, South Brentwood Village)

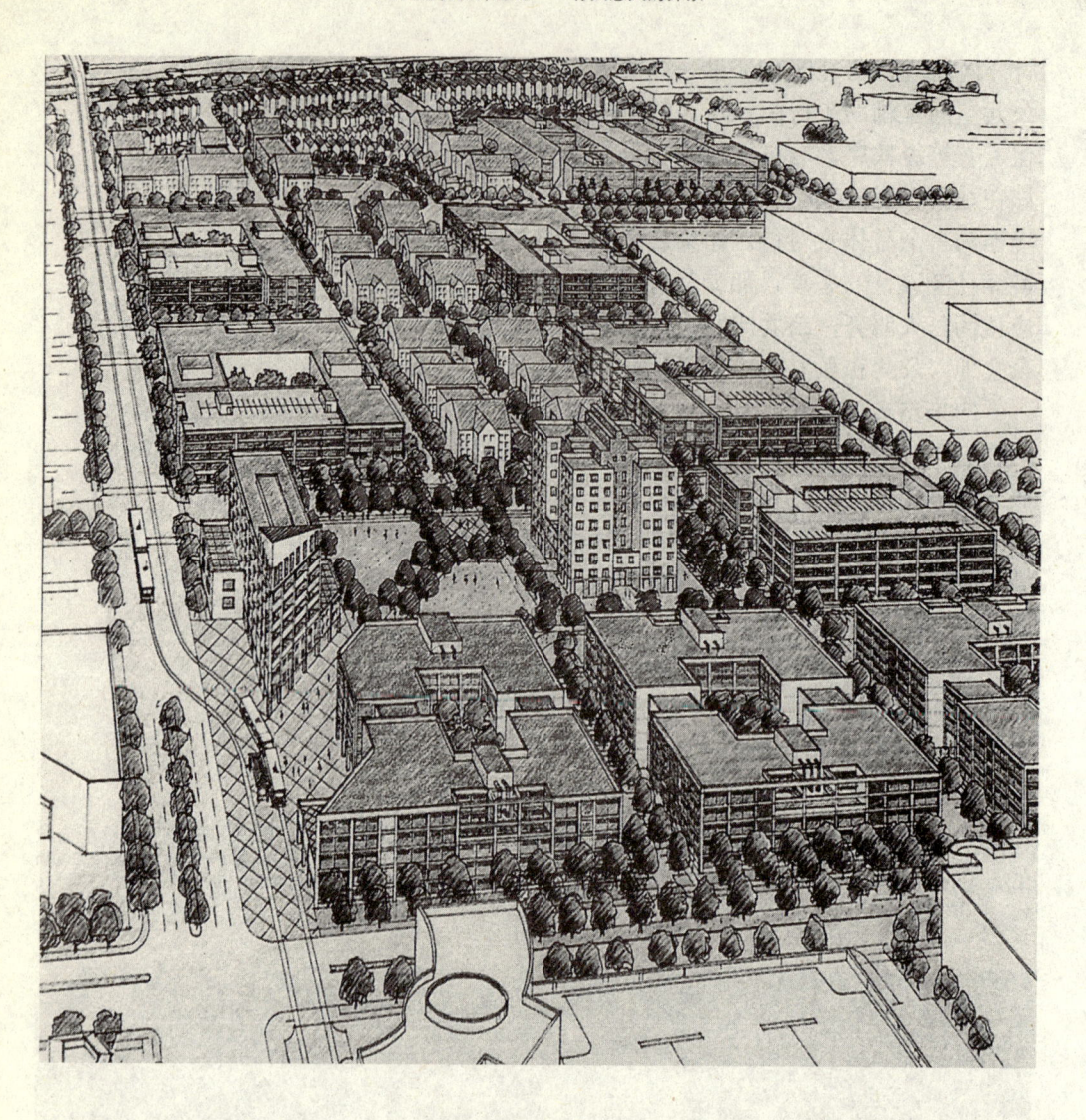

图 5.6 卡斯洛普为加州首府设计之街区 (Peter Calthorpe, Capital River Park Sacramento)

一个原则是在社区和邻里的公共与私人空间之间达到一种平衡。可持续的邻里、社区和城市设计强调城市和社区中的"公共领域",公共空间和共同使用的设施。过度私有化所产生的环境形式不是最经济、最节省能源和资源的。只有在社区尺度上共同具有的立场、责任和系统才是人居环境有希望的模式。可持续发展的社区设计所要遵循的有如下几项:注重环境质量;节省能源和资源;保持历史、文化和社区特征;维护建筑类型和城市社区形态;强调高密度和多功能混合使用。对建筑师来说当可持续城市设计涉及到城市和建筑文脉、文化的持续、保存和发展时,这就不仅仅是一个技术上的问题,而且涉及到责任、道德、义务、良心、自觉意识等更为本质的问题。

卡斯洛普的"下一代美国都市"肯定DPZ的新城

市主义或新传统城镇以及其格网规划和设计的前提,但没有进一步将其注意力放在单独的城镇设计上,而是着眼于区域景观的管理上。他的理论是基于对现代主义规划理论强调机动车,导致郊区扩散和由此产生郊区设计失败而提出的。他的《下一代的美国都市:生态、社区和美国梦》试图改正机动车导致郊区扩散所造成的种种弊端,试图将生态原理用在城市、郊区和区域尺度和概念上。他的下一代都市概念结合了城市、郊区和周围自然环境的整体生态系统。他认为防止郊区扩散的方法是将由住宅、公园和学校组成的社区布置在商店、市政服务设施、工作和交通的行走距离内。这种设计策略得以保留开放的公共空间、辅助和支持公共交通、减少车辆交通,创造人们负担得起的邻里和社区。他不鼓励使用私人机动车辆,在他的区域规划中经常出现火车和轻轨火车等公共交通工具。而公共交通枢纽通常设立在社区和邻里的公共社交中心。卡斯洛普在他的著作中特别强调可持续社区、步行口袋和以公共交通为主的开发项目。这三项就是他为新城市理论所作出的贡献。

卡斯洛普的《下一代的美国都市:生态、社区和美国梦》有一点与DPZ的《城镇和城镇创造原则》有着很大的不同,那就是它缺少城市设计的形象图示:城市空间、建筑和空间的构造组成、空间形态的分类和构型、建筑类型的组成和如何处理建筑的公共特征等。《下一代的美国都市:生态、社区和美国梦》表现更多的是典型的城市规划表现图,而缺少作为建筑师进行城市设计所使用的形象思维和表现方式,因而显得空洞、抽象和表面化。该书因为有不少宣言式的文字和过于抽象、缺少细部,从而显得较为空洞。但是,卡斯洛普的波特兰城市生长界限方案则是一件十分成功的作品。波特兰城市生长界限是1973年设立的一个弹性界限,这个界限可以在未来加以扩展。20世纪90年代初,波特兰市的发展达到了该界限,市政府聘请卡斯洛普进行研究。卡氏提出了三种方案:重新调整该界限以保持过去20年来的城市扩散速度;在现有界限外建造卫星城;在现有界限内对现有的社区和邻里进行重新开发和改造。第三种改造方案提议在社区内使用与其他区域联系的轻型火车。在该设计中,他采用城市设计表现方法:空间表现、城市空间的细部构造、城市空间和建筑的组成,以及社区鸟瞰和透视等。1994年波特兰地区的居民公投采用他提出的第三种方案。

卡斯洛普的新城市主义理论特别强调对环境可持续性发展的考虑和关注,他认为环境可持续性与城市和郊区的发展有关,因此他提出城市发展界限,城市街段的重建和复兴。他认为现代主义的理论和实践中断了历史上重视城市界限的传统。当然,他的这种观点并不全面,因为在现代主义阶段霍华德在"花园城市"中就提出了城市界限的思想。

3. 旧城改造的实践

旧城改造与新城镇设计完全不同。旧城改造需要根据旧城的特定地点、环境和历史条件进行设计。它必须考虑设计项目与周围特定环境和文脉的问题。旧城改造所处理的不是大面积的彻底重建,而通常是在某个街段内一个不大区域内,对邻里和社区的改建或重建。由于它是特定区域和街段内的设计问题,因此是特殊和无常规可寻的。它不可能使用或造就如滨海城那样的"原则"、法规和规章,只能是通过个案分析而达到的一种总体理解,这是一种具体分析和"田野"作业的方式。它是一个细部一个细部地通过建筑设计来解决城市设计、空间和形态问题。也就是说建筑师在设计时同时考虑建筑和城市问题,一个建筑问题的解决必须能够满足和解决城市层次上的问题,而且这个城市是现存的,它有着文化、历史、空间和形态上的特定制约关系。

所罗门在太平洋高地城市住宅工程上,通过城市住宅这种欧美传统住宅类型,创造和解决了特定的城市空间和形态设计问题。他通过城市住宅类型的社区设计,结合传统的庭院和小巷这两种城市空间类型,创造了一种新的混合的城市社区建筑空间形态。

在分析城市社区、邻里与住宅关系时,他发现同样的住宅类型在某些社区很成功,而在另一些社区则不成功,他认为这是因为在考虑城镇设计和创造时,建筑自身的作用有限,城镇创造的基础关键在于街道、基址、建筑,以及将它们组织在一起的方式总和。在"棕榈院"(Paml Court)工程中采用同样一种建筑类型,创造了一个有院子的高密度住宅区。这种住宅区每英亩可以容纳24个单元,而且环境效果很好。而过去,使用同样的城市住宅类型,采用不同的组织方式每英亩仅能容纳5个单元。不仅如此,棕榈院工程所采用的四行平行布局的住宅，两条街巷，一个中心花园的模式还帮助限定了合理和标准的城市街段单元的尺度。

面对城市日益增加的车辆，住宅如何解决车库与城市景观的问题便是所罗门在城市设计中所要解决的任务和课题。他认为在一个依靠私人汽车的地区，高密度城市住宅必然有大体量的车库与之配套，而车库的形象和自身会破坏街道的尺度和气氛。他的解决方法是将一个街段分为两种：周遭或临界体块、中间体块。他将住宅设计在沿街处或临界处，用以遮挡位于中间地段的车库。他在旧金山的几个工程中使用了典型的行列式住宅来遮挡大体量的车库。与卡斯洛普在区域尺度上进行抽象的城市思考，缺少细节不同，所罗门自称自己只是城市修理工。因此，他将精力放在建筑细节和寻找独特的类型上。当他选择了特定城市类型作为对特定工程的答案时，他并不试图创造一种抽象的模式来填充图纸，而是根据历史先例、场所和使用的存在来创造特定的场所。与DPZ和卡斯洛普试图在城市模式方面创造一种完整的理论不同，所罗门面对现实，承认人们的价值和爱好超出自己的控制，通过自己在建筑设计和实践上的成功与失败，在《重建》中讲述个人的城市设计体会。

新城市主义运动发生在20世纪八九十年代的美国，至今新城市主义在美国的城市设计实践上有一定地位。这也导致不同程度的程式化，对建筑设计的创新和自由思考有着一定的负面影响。新城市主义城市设计思想对我国城市设计有如下启示：

（1）新城市主义所提出的美国郊区新城镇模式对现代主义郊区模式来说也许是一种改进，新城镇的密度有所提高。但对发展中国家，尤其是人口较多的国家，其密度和高度远远不够。它仍然是郊区模式，不是城市模式，不可能控制郊区扩展和城市蔓延问题。它没有提出真正的城市设计策略，例如如何为旧城注入活力，如何在旧城邻里和社区中进行设计。如果不加批判地将新城市主义城镇模式用于我国（如欧陆风格的住宅区开发），将加速郊区扩展的速度。

（2）新城市主义者们所提出的城市研究和设计方法，对我国城市改建和新城规划和设计有所助益。尤其是如何从历史和传统中获取对新城设计有所助益的内容，如街道和建筑尺度、历史城市的空间处理、传统城市形态与建筑类型的关系，等等。此外，如何将从城市和建筑历史和形态研究中获得的知识使用在城市设计中，并满足今日社会的需要，为特定城镇设计制定特定的设计法规。我们应该对传统城市的进行测量、总结，发现其中的模式和尺度，并在相应的项目中加以使用。

（3）对传统建筑类型和流行建筑形式的使用应该采用批判的思想。尤其是新城市主义实践主要是在美国，其使用的建筑是新古典形象、美国本土的地方建筑、或欧陆风格。对这样的城市和建筑形式的使用尤其要采用批判态度，也就是使用"批判的地域主义"的思想进行思维，在城市和社区设计中应该使用多样的建筑类型。有关批判的地域主义将在本书第七章中加以论述。

4. DPZ的新城市主义理论和设计实践

新城市主义最受人瞩目的人物是美国城市设计和建筑师杜安尼和普蕾特-兹伯克（DPZ）。他们的影响力不仅在于他们的具体城市设计实践，而且在于他们将设计实践系统地总结成为城市实践理论。他们两位不仅为那些致力于阳春白雪的建筑师称道，也为地产开发、地产经济和营造商所瞩目。甚至一些对建筑感兴趣的非专业人士也对他们的实践感兴趣。耶鲁大学建筑学教授文森特·斯库利（Vincent Scully, Jr.）在DPZ的作品集《城镇和城镇设计原则》一书中写道："杜安尼和普蕾特-兹伯克的作品代表了过去30年大规模乡土和传统建筑复兴的主要进展。它代表了建筑历史发展中最主要的一步，因为他们所作的在于将建筑放在其真实尺度中，即作为整体的城市中。因此，在由文丘里、查尔斯·摩尔推动的，并由罗西、里昂·克里尔和斯特恩在各自领域中发展的建筑实践，或至少在建筑理论领域开始的运动中，杜安尼和普蕾特-兹伯克占据了重要的地位。受传统的启发，他们以令人信服的方式解决了如何将建筑放在传统城市组团中的问题，从而重新为人们创造了一种可居住的、像样的环境"[12]。下面对他们的城市设计和理论进行专节介绍和讨论。

杜安尼和普蕾特-兹伯克毕业于普林斯顿和耶鲁大学，受教于名建筑师文森特·斯卡利和历史理论家弗兰普顿。在耶鲁大学时，建筑历史课教授对待地方、乡土和古典建筑传统抱有同情心，并将它们作为现代建筑发展史不可分割的部分来讲授。在课上，他们还对国际风格的城市理论破坏性影响，如在城市重新开发上造成的

12 Vincent Scully, Jr., "Seaside and New Haven," in Andres Duany and Elizabeth Plater-Zyberk, *Towns and Town-Making Principles* (Harvard University Graduate School of Design, 1991), p. 17.

恶果进行批判。这些对DPZ思想的形成十分重要。在回忆20世纪六七十年代那段学校生活时，DPZ认为教授、建筑师和学生们对古典主义和美国地方建筑重新开始重视，这使他们自己受到了全面和深刻的教育，为后来的成功打下了基础。当他们满怀信心和理想走出校园进入社会后，却发现现实与他们的理想出入甚大。现实是社会上不再有文艺复兴时期那种喜爱艺术的贵族对艺术家和建筑师给予赞助，有的只是雇主。这些人大多是地产开发和经纪人，其兴趣只在如何大规模地多造快建。但建造出来的新镇和社区没有生活气息，没有历史文化感，仅仅是单调贫乏、千篇一律的住宅区。DPZ在实践中选择了一条困难的旅程，他们引进在学校中所受到的复兴的古典主义和注重历史、传统的建筑教育，将学术研究、学院中的新思想和对美好家园、社区和城镇的憧憬引进城市设计中。在实践中，他们甘愿费时费力地与州市政府打交道，据理力争，打破和改变政府制定的繁琐和僵死的教条。为实现自己的理想，为人们创造具有家园和社团气息的城镇，DPZ费尽心力地向地产经济和开发人、营造商进行解说，告诉他们采用这种设计是为了创造具有"场所精神"和"场所感"的城镇。

对第二次世界大战以来所施行的现代主义规划方法进行批判的人很多，但真正身体力行花费时间和精力去改变现状的人们则是凤毛麟角，因此，DPZ的实践在开始时较为艰难。他们所做的工作可以总结为如下三条：

（1）倡导将郊区土地作为城镇设计来对待。

（2）向分区制常规提出挑战，并自己制定能够形成场所的以传统模式为基础的城市和建筑条例和法规。

（3）他们与那些直接营建现代郊区景观的人们（地产开发商）直接交流和工作以促成他们接受另一种途径的城镇和郊区模型。

起初，一些目光短浅的营造商不理解他们，说他们是共产主义分子。但现实情况是，在自由经济的市场中，那种由大规模多造快建思想建造出来的新开放区与DPZ设计的新城镇相比毫无吸引力，在市场上自然要被淘汰。因此，目光敏锐的地产经济和开发商对DPZ的思想很感兴趣，愿意将项目交给他们。鉴于他们的成功经验，很多建筑师和城市设计师开始采取他们的模式进行设计。

DPZ的设计思想和理论强调传统、历史文化、古典主义、地方建筑传统、社区性、邻里感、场所精神和生活气息。他们的设计显示了设计者对人类、社团、环境构成、场所意义之间存在着的逻辑的理解。普蕾特-兹伯克说:"当设计是亲切的,并易被人接受时,你会发现公众会对它的亲切感兴趣。我们发展的并非个人的纲领,而是可以被理解,能够为人接近的建筑"[13]。她明确表明自己的理论和实践与那种只重视个人建筑形式的先锋派不同。

DPZ 的成功寓于规划设计的历史感,其设计深深植根于历史中。在进行"滨海城"城市设计项目时,他们对美国城镇设计的整个历史进行研究,从中发现规律、模式和教训。从那时起,每当接到设计项目,他们的一项任务就是进行历史研究。此外,他们设计规划的城镇还显示出一种简洁性。这种简洁性来自对美国传统地方建筑的研究。对传统建筑,尤其是民居进行过研究的人们知道,民居的设计、构造手法和形式通常是最为精炼、简洁、明确和致用的。因为民居的主要功能是居住生活而非炫耀表现形式美。这是研究传统建筑的一个主要原因,从中吸取简洁性可以指导目前的设计。美国建筑师斯蒂文•霍尔(Steven Holl)在他的《城市和乡村住宅类型》(Urban and Rural House Type)中持有同样的看法,他认为地方建筑的一个主要特征就是简洁性[14]。

滨海城是至今仍然在实验、建造和发展的城市设计工程。在 1984 年时它还仅有一条街,十几座住宅。今日那里不仅有几百座住宅,而且颇具规模的商业建筑形成了明显的城镇中心。这座新城镇的发展过程是一种逐渐演化的过程,而不仅仅是叠加建筑所形成的。这种状况的出现对城市设计专业人士很有吸引力。滨海城具有一些旧城特点,如城市中的建筑经过一定时间的适应而互相容纳,在城市中,从市镇广场和高速公路出入处的服务区,到具有不同特征的住宅区都有各式各样为人们提供体验和感知的场所和情景。城镇变化和适应的历史是滨海城表现出的"城市主义"最为实质、明确和有形的表现。滨海城的建筑与公共空间的设计和营建工艺表现出建筑和公共空间之间的互相尊重,这正是滨海城设计的原型。编辑《滨海城——一座美国城镇的建造》(Seaside-Making a Town in America)一书的大卫•莫内(David Mohney)认为滨海城成功之原因在于其在建造、生长、发展过程的每个阶段中能够很好

13 David Mohney, "Interview with Elizabeth Plater-Zyberk,' in *Towns and Town-Making Principles* (Harvard University Graduate School of Design, 1991), pp. 74-85.

14 Steven Holl, *Rural and Urban House Type* (New York/San Francisco: Pamphlet Architecture #9 1983).

五、新城市主义

地在私人住宅与公共建筑、商业、公共空间、城市中心之间保持平衡[15]。莱利·伊斯特林 (Leller Easterling) 认为，滨海城的主要创新并不在于对建筑的关注上，而在于对建筑之间的空间和建筑如何响应这些空间上[16]。但是第二次世界大战以后美国的城市规划并不重视这些，那时美国所施行的郊区划分和规划所产生的并不是城镇和社区，而是在由一块块小小的私人拥有的土地组成的大块土地上布置弯弯曲曲的街道。这种类型的规划通常依赖房地产开发或交通工程的常规标准，街道的设计并不是直接源于郊区规划、邻里设计，以及街坊、邻里气氛的尺度要求[17]。亚历克斯·克里格 (Alex Krieger) 认为18世纪的人们将城墙以外紧邻城市的地区认作是低劣的地区。从19世纪末开始，"郊区"的概念和地位开始改变，它逐渐成为逃避工业城市尘嚣的世外桃源和避难所。城市和乡村之间的这块被称为"郊区"的地区的特殊优势受到人们的关注：由于它有新鲜空气、绿地和开阔的空间、安静独立而又不远离社会、逃离工业的危害、逃离竞争和社会压力、滋养生息、维护家庭，从而成为人们向往的中间景观。但随中间景观（环境）的形成，问题也就出现了。当越来越多的人们生活在这种中间景观中，与中间景观相对的两种极端：城市和乡村便消失了。当所有的人们都生活在中间后，那么中间的优势便不复存在。没有了城市和乡村，郊区就不再具有意义。第二次世界大战后，在美国一直使用所谓的"规划小区（单元）发展" (Planned Unit Development, PUD) 方法，使用这种方法建成的郊区小区建筑一般是在大面积的区域内采用无变化、无特征的独立家庭建筑样板。营造商为节省造价通常仅使用几种常规的样板住宅。这样的小区相对于传统的乡村来说过于密集；而相对于传统的城市来说密度过低，又过于分散和铺展。但"规划小区发展"方法自1945年出现已有几十年历史。它有着法规、制度和现代主义传统、经济和习俗的支持。因此，建筑师试图在实践上采取任何形式的改变都是十分困难的。20世纪美国郊区与美国城镇设计和建造的历史毫无关系，它与城镇制造过程脱离了关系，尤其是郊区住宅区那种随机比例造成混乱而使人们感到疑惑。为改变上述弊病，一些建筑师和城市规划师认为，美国城镇类型的分类需要结合考虑形态学、政治和各种与社区在时间中逐渐成熟相联系的非决定因素来加

15 David Mohney, "Interview with Elizabeth Plater-Zyberk," in *Towns and Town-Making Principles* (Harvard University Graduate School of Design, 1991), pp. 74-85.

16 Keller Easterling, "Public Enterprise," in *Towns and Town-Making Principles* (Harvard University Graduate School of Design, 1991), pp. 48-60.

17 有关1890-1945年以来美国在规划和城市方面的失败可参见M.Christine Boyer的著作 *Dreaming the Rational City*。1945年以来美国城市设计和规划中产生的问题可参见Edward Relph的著作 *The Modern Urban Landscape*。

以严格的区分。

滨海城的基本设计信念是肯定美国18和19世纪的城镇模式,创造具有有机性、凝聚力、协调、统一和得体城市的最基本模式。这个模式虽然简单,却被城市规划师和建筑师们有意和无意地抛弃了。DPZ的实践是20世纪60年代城市和建筑理论的延续。1961年简·雅可布斯(Jane Jacobs)在《美国大城市的生与死》(The Death and Life of Great American Cities)一书中提出了提高城镇密度并采取小规模的实验尝试,成功可行后再行发展的这种具有持续力和活力的方法。DPZ所作的就是在小城镇和郊区进行尝试。而文丘里在1966年出版的《建筑的复杂性与矛盾性》(Complexity and Contradiction in Architecture)中将乡土和地方建筑形式的地位提高到与高雅风格建筑等同的地位,使得建筑师重新开始重视乡土风格,打破了建筑师对古典遗产研究的禁忌。DPZ的思想正得益于此。

滨海城对传统加以重视的城镇设计理论和实践受到一些建筑先锋派和现代主义拥护者的激烈反对。但是自从纽约建筑师、哥伦比亚大学教授斯蒂文·霍尔和另一位名建筑师德博拉·贝克(Deborah Berke)的建筑在滨海城中心建成并获得广泛好评后,来自先锋派和现代主义忠实拥护者的反对之声减弱了不少。因为这两座建筑的成功表明,DPZ为滨海城设计和制定的城市建筑法规不仅能适应传统风格的建筑,而且能适应具有独特风格和高雅风格的建筑形式。

从今日的城市建筑理论和实践走向上说,滨海城属于保守主义倾向的产物,但是库尔特·安德森(Kurt Andersen)认为,滨海城的保守主义是一种良性的保守主义,它强调回到城镇设计原则,不鼓励为建筑而建筑(但并不通过城市法规来加以限制),维护城市设计的规则和有机一体,但没有造成严格死板的单一性[18]。此外,他们的城市法规虽然对场地规划、位置的设定、材料和基本的建筑形状有所规定,但并不是一种非公开的,令人无法执行和适从的教条,而是一种民主的方式。另一方面,DPZ的城镇设计思想具有典型的社会改良倾向,也就是具有一定的乌托邦倾向。这又与早期现代主义建筑运动的理想和社会改良倾向相一致。滨海城的成功还在于DPZ所采用的一套城镇设计原则,下面让我们谈谈这套设计原则的主要内容。

18 Kurt Anderson, "Is Seaside Too Good to Be True?" in *Towns and Town-Making Principles* (Harvard University Graduate School of Design, 1991), p. 46.

4.1 小城镇的形态

在历史上，郊区曾经是进步思想和激进政治的载体，但它最终总是成为住宅和地产商业与地产协商的产物，其历史大部分又与推销有关。在信息社会，通信和交通十分便捷，但由此而认为城市的那种近邻性和紧凑性不再是塑造城市感的关键，那便犯了根本的错误。DPZ 提出采用小城镇形态作为设计原则的思想。他们认为既然大多数郊区单元的规模远远超出传统和历史上的城镇规模，就应该回到使用过去通常指导城镇设计的原则来设计郊区，而小规模的城镇形态便是基本的原则。小城镇是城市主义的一种特殊形式，它与大城市不同，有着自己的制约市镇规模、成长、扩展，以及对公共领域形态、构造和组织的内在力量。理解小城镇需要仔细研究其空间经验和平面图示。保证小城镇的正常衍化需要保持对城市关键部件和内容的解决方式的相对稳定，保持这些关键部件和内容的解决方式、设计策略、形式体量的设计原则，就能够保证城镇特色、形态和空间经验不因那些不断变化要素的变化而改变。例如，小城镇住宅区中街道两侧的绿化在很大程度上协助创造了公共领域，并解决了公共领域与私人房地产之间的区分和过渡。小城镇城市主义最为基本的结构就是住宅区的街道，是公共和私人领域相联接的第一场所，它在较小尺度上显示了作为整体的小城镇的一些特征。这种街道两旁栽种联立树的概念源自早期美国总统杰弗逊为弗吉尼亚大学所作的校园规划和采用的新古典主义模式。这种建筑与园艺绿化、景观之间的相互依赖关系同样在公共和私人领域的关系中存在。在美国历史中，对个人利益的关注较多，对公共空间和街道的关注则较少。设计和规划通常考虑的是如何最大限度地为开发商地产增值，以提高开发商的利润。小城镇的结构充分显示了公共和各种私人团体之间对社区问题所进行不断协商的结果而产生的一种复杂的物质表现。小城镇中有许多现成的、经过历史筛选的设计程式和经验，建筑师和规划师需要有敏锐的眼光和感觉去重新发现它们，并对其重新加以解释、整理、改进，进而用于当代城镇设计中。

滨海城的设计反映了设计者的小尺度城市思想。滨海城自称是个城镇，规模为 80acre，它的范围在非疲劳行走距离之内，与 20 世纪二三十年代形成的邻里单元

(neighborhood unit) 的规模相同。它的那种自我管理性质很像美国今日的"住家协会"(homeowner's association)。DPZ 还为滨海城提供了发展方案。该方案反映了他们的城市思想，那就是一个较大规模的城镇应该由若干较小的邻里单元组成，因为适中的行走距离限定了邻里单元的规模。在后来越来越大的城镇设计项目上，DPZ 继续使用在滨海城上使用的设计原则。但是，滨海城主要面对和处理的是郊区组织的变化，它并没有试图提供一个在生态、政治和区域上具有意义的大规模城市发展蓝图。

4.2 滨海城的设计原则

在 DPZ 接到滨海城项目时，其客户最初的想法还只是开发一小片区域，后来决定在整块土地上进行全面设计。因此，DPZ 认为该项目应该是一座城镇设计。当时流行的城镇模式是现代主义的，与他们同时代的建筑师受到的是现代主义城市教育，有关城市主义的思想是从现代主义"十次小组"那里得来的——一种不成熟的城市主义思想。现代主义教育下的人们对城市的观念混乱又模糊。DPZ 在学校和工作中对当时的城市模式并不满意，因此，一直大量阅读书籍并进行学术研究。通过阅读克里尔的著作使他们理解了真实的城市是如何建造和形成的，克里尔的思想成为他们城市模式的基础。

在平面上滨海城的设计首先将街道和广场等城市空间作为城镇最基本的要素。滨海城的平面沿海滨公路布置，城市平面采用城市格网结合放射状的向心组织，从而与 19 世纪末 20 世纪初美国的"城市美化运动"和"花园城市"时期产生的杂交形式相联系。但进行城镇设想或营建城镇中的部分与创造一整座城市有着极大的区别。DPZ 从历史城镇中寻找设计原则，他们进行实地考查，发现了传统城镇街道、公园和广场的模式，以及靠近街道的住宅，住宅凉廊与良好、健康、紧凑的社团邻里之间的关系。他们识别出那些能够构成亲密的社区和邻里的基本物质元素，这些元素可以归纳如下。

（1）总体平面和规划(Master Plan)。总体平面和规划总图包括所有城镇的重要信息。它遵循传统的、典型的美国城镇模式：平面从几何形限定的中心向外发散出去，并与按照地形设计的棋盘状的街道网络联系起来。在滨海城之后设计的更大规模的社区中，DPZ 还按照邻里、村庄、城镇和地区的等级设计了街道等级。他们的设计和规划强调城镇中心的商业活动，并将其他市政空间和建筑分布在整个社区中，以便创造次一级的城镇中心和形成不同特点的组团。每个邻里的半径大约为 1/4mile，这个距离保证了从邻里边缘到市镇中心大约在 5 分钟的步行距离之内。

（2）街道网络 (Street Network)。街道和广场是城镇和邻里的主要公共空间以及行人和汽车的交通线。他们设计的每个街段一般不超过 230ft×600ft（5.8m×15.2m）。新街要尽量与旧街联结上，以便成为整个区域的一部分。

（3）步行系统 (Pedestrian Network)。除街道和街道两侧的步行道以外，连接城镇广场、公园和街段中间的小巷为整座城镇提供了步行系统。

（4）街道剖面 (Street Section)。不同城镇和邻里的街道剖面揭示了街道的特色。它可以创造一个既使行人感到舒适安全，又提供汽车交通的系统。要明确规定邻近街道建筑的高度和街道宽度的比例，以便建立街道的特色和其在总体规划设计中的位置和角色。要认真详细地设计车行道和停车道的细部，以及行道树、街道绿篱和其他绿化要素、步行道的宽度。所有这些与街道设计有关的要素都是赋予社区和邻里以特征的关键。

（5）限定性平面 (The Regulating Plan)。它限定城镇中不同区域的建筑类型，并反映了城镇的有机结合和使用原则。

（6）公共建筑和广场 (Public Building and Square)。广场和公园分布在整个社区中，其设置和设计是为社区中非正式社会（交）活动、休闲、娱乐和大型市政活动提供场所。市政建筑应与公共空间开发相结合。它们通常设置在位置显著、视线的焦点和街道的终端，以形成城镇的主要景观。

（7）法规 (Codes)。法规是一系列的文件以保证城镇设计质量和秩序。城市条例（法规）控制私人建筑与公共建筑邻接的界面和部分，也就是与形成公共空间有关的部分。建筑条例控制建筑的材料、构成和营建构造技术。在一个没有历史、没有长时间逐渐演化条件和缺少多个开发商的城镇中，法规在鼓励多样性的同时得以保证构造社区特征的协调性。

4.3 新住宅区的街道

第二次世界大战以来发展的郊区住宅区在街道等级上缺少变化。等级偏少，通常只有一条主干道和一种类型的住宅区街道。住宅区街道又通常由交通工程师直接设计，或是由人口密集、住宅集中的地区直接演化而来，并没有建筑师、城市设计师和规划师的精心设计。在滨海城，街道和小路的等级序列是从城市的主街或主要干道一级级递次变化的。从小巷到大街，每条街道都是根据其在城市中的地点、位置和功能而成为一种特殊的城市空间。街道的等级还将作为公共领域的主要街道引进次要街道，从而强化了公共与私人之间的对话。同时，逐渐缩小的道路尺寸创造了更为亲切、怡人和私密的区域，该区域更适于建造住宅，享受私密感。这种灵活的等级网络用多样的路线来过滤通过城市的车辆，要比单一的交通干线更好。

DPZ 在向城镇委员会进行方案解说时通常有两个内容：一是制定非常具体的技术性城镇法规，二是系列性的表现城镇特征和质量的城镇透视。在滨海城的设计以及以后的城市规划和设计中关键和有效的就是制定城市和建筑法规。但法规的施行受到来自学术界、法律界的和住家方面的挑战。许多人对"约束"和控制很反感，他们认为美国是个自由的国家，在传统上没有约束和控制，DPZ 则认为这种认识是不正确的。针对一些批评认为建筑法规导致某种建筑风格，如维多利亚式、后现代风格、古典主义建筑风格等，普蕾特-兹伯克反驳说这些人没有正视现实，那就是同样的法规产生了许多风格（包括上面所举风格）的现实。

4.4 城市规章

DPZ 认为由单一建筑师设计出来的城镇形式单一，会显得很乏味，不可能获得那种多样性和变化感。只有许多建筑师多样化作品的集合才能形成一个完整和真实的城镇特征。在稍早的时候，他们曾设计过一个有上百座独立住宅的小区。他们为该区设计了良好的街道、步行街、小巷、广场和公园，但由于他们自己设计了住宅区中所有的住宅，使得行人在街上并没有获得特殊的体验，因为那里并没有真正的变化，有的是同样的建筑感觉。这对生活在其中的人们来说很乏味。而在历史中逐渐形成的城镇是不会发生这种错误的。DPZ 在滨海城设计中试图避免上次的错误，避免那种一次性设计所产生的速成城镇。他们试图在较长时间内，通过引进风格不同的建筑师进行设计，去建造一种具有历史感的真正城市。

为取得城市统一与变化的协调，为保证城市各方面的质量，他们认为必须拟定一套城镇和建筑规章制度。在此方面，DPZ曾在迈阿密大学的城市设计方案教学中进行过实验。他们设立总平面和在书面上制定法规来进行设计，其结果十分理想。该法规在三维空间上为实现城镇设计的思想提供了工具，它保证在空间上对街道和广场加以限定，保证可预见的三维结果。滨海城的法规只有一页，而过去的法规可以多达几百页。滨海城的法规还规定在特定地区使用特定的建筑类型。法规中共描述了8种建筑类型，当然这8种类型都是已知建筑类型。当杜安尼被问及建筑师是否可以创造新的建筑原型时，他说："当然可以创新，但是我们对创新报有怀疑态度。过去50年来城市主义者们试图创造新的原型，其结果大都是垃圾。传统建筑是有关社会、地理气候和营建不可竭尽的智慧源泉。一个设计师如果从乡土和地方传统起步，他总是远远超出一个创新的同行，因此两者是无法相比的。对一座私人住宅进行实验也许是可行的，甚或应当受到称赞，但是冒着整个社区和其中未来市民的幸福受到损失的危险，而去使用没有尝试过的创新则是不负责任的。"[19]

他们为滨海城选用的8种建筑类型都很合适，因为对这些建筑的选择有经验逻辑作为基础。类型I构成城市中心的商业广场，它带有拱廊，建筑使用共同墙，高度为3-5层。类型II也是共同墙类型，它用在城市市政广场周围，其檐口和阳台都严谨地对位以适于较为严肃的市政空间。类型III是为在市政区后的混合区域提供的，它是共同墙类型，主要是三层高的联立住宅和工作间。该三种建筑类型构成市中心的连续组织和结构，这是基本的类型。它们的变体提供了除高层建筑以外的所有市中心建筑类型。这些建筑类型构成了美国的城镇（不是城市，因为城市需要高层建筑）。

其他5种独立住宅类型均选于美国南方住宅类型。类型IV是一种大型独立结构，杜安尼称其为"南北战争前的宅第"，德国建筑师昂格尔斯(Ungers)称其为"城市别墅"(urban villa)，其正立面应该有两层高的檐廊，形成一种较为正式宏伟的形式构成。该种建筑在现代分

[19] 见 David Mohney, "Interview with Andres Duany," in *Towns and Town-Making Principles* (Harvard University Graduate School of Design, 1991), pp. 62-85.

区法规中并不存在，杜安尼认为很可惜，因为它灵活且实用。它可以是单户住宅，双户住宅，4-6单元的小型公寓、小旅馆，或是职业人士的办公室。这是一种过渡型的建筑。历史上对其比例作些微小的变化，它可以在住宅和商业建筑之间进行转换。DPZ规定在面对海岸的街道上使用类型Ⅴ住宅，因为它有着较大的前院和较深的红线距离，从而提供了较开阔的视野。类型Ⅵ是一种称为"bungalow"的住宅，该种建筑的二层设在坡屋顶内，因此只有一层半高，它有着较大的檐廊，是南方最普遍、基本和大量的住宅类型。类型Ⅶ是带有边院的独立住宅。当然，南方还有其他住宅类型，不过不像"bungalow"和"独立住宅"那样为城市提供了基本的城市选择，因为前一种提供了前院，后一种提供了边院。前者在建筑与街道之间留有较大的空间，后者离街道很近。在没有良好海景的街上则采用类型Ⅶ住宅，因为该种住宅离街较近。DPZ在迈阿密大学的城市设计实验中发现学生们无法从该两种住宅类型中演化出足够的变体，因而他们引进了类型Ⅷ。类型Ⅷ比较特殊，它是为某些特殊的较为困难的建筑基址提供的，在该种建筑中可以建造屋顶平台和塔楼，但塔的基础面积不能超过$215ft^2$（$20m^2$），这样的做法可以产生较细的塔，不至于遮挡其他住宅的视线。容许在住宅中建塔，使得每户住宅都可以得到很好的视线，而且塔台也成为滨海城的一种标志。

滨海城城市法规在道路宽窄、园林绿化、地产规模和住宅类型的相互关系上设定了标准。城市法规对街道空间模式的规定是其最为重要的内容。例如，有着后街（通道）和侧院的街道其宽度可以较窄，可以有较小的地产（房屋基址），可以减少后退红线。大路两侧的地产则需要较深的后退红线、较大的房屋场地和较高的建筑。当一种住宅类型需要大面积的前院草坪的时候，街道的剖面就要由木护栏来决定，不同等级的住宅应该有不同的护栏。沿海岸的住宅围栏应该形成建筑的入口大门。沿主街的街角场地的建筑应该有较大的后退红线等。另外，通常美国城镇街道空间的宽度（两座隔街相对的建筑立面之间的距离）要比欧洲街道空间要宽。例如，巴黎的街道宽度与建筑高度比为1:1.5，意大利的街道有更高的比例1:2或1:3，而美国的城镇街道空间比为6:1到10:1，这是不合适的，因为它超出了可感知的空间比例。但是，在美国城镇中有两种因素对这种令人不满意的现象进行调节：一是连续的行道树，它调整了过宽的比例，另一个起空间调节作用的是栅栏，栅栏不仅仅起区分和限定领域的作用，而且起限定空间的作用。

一套良好的城市设计法规可以产生和保证城市的质量。滨海城的城市法规，通过对建筑类型的控制创造了一种良好的城市质量。该法规主要关心的是通过对空间的限定来创造公共领域。当然，城市法规并非唯一的可变要素，设计者还可以调节建筑场地的规模，例如将类型 VI 住宅用在 40、50、60ft（12、15、18m）宽的物业上。因此在城市设计中对场地尺寸进行设计是城市设计的一个重要的手段。他们认为如果不对场地进行设计，城市和建筑法规就不会很精到。目前美国郊区的城市规划实践是将大块土地出售，这样大块的、无固定形状的土地，其规模大约可容纳十多座住宅。这样粗放的规划手段就不可能有明确的物质形式上的结果。空间的限定也只能是偶然发生的，从而有机协调的城市几乎是不可能发生的。因此城市总体平面与城市法规应该是同步进行的。

4.5 建筑规章

建筑规章在一定程度上造成了滨海城的某种统一性。它是在开发人的推动下出现的，开发人希望滨海城不仅在社会意义上是个良好的功能健全的城镇，而且在建筑质量上也是良好营建的城镇。DPZ 认为典型的住宅应起到协调城市组织结构，并赋予公共和私人建筑以适当等级的作用。

街道剖面的成功与否需要街道两侧建筑的配合，这要由与城市法规相联系的建筑规章来控制。每种建筑类型的模式都与某种城市街道类型相对，DPZ 在滨海城建筑上采用了美国南方乡土住宅的形式。杜安尼认为一些建筑的法规在今日确实丧失了它的有效和合理性，但是某些风格，尤其是那些从营建和构造系统中衍化而来的建筑风格却没有。他说，"通过选用有效合理的营建技术，我们便自然地选择了一种有效适宜的风格"。因此，滨海城这些建筑是根据合理有效的建筑营建和构造技术而来的，因此具有永恒的权威。它们不会像那些单纯根据审美因素产生的建筑风格，因时尚过去而过时。他们认为和谐一致的城市主义并不需要一种单一的、和谐一致的风格。城市主义基本要求是在考虑对创造和谐的公共空间起决定作用的建筑红线距离和建筑高度时必须有一致的协定和共识。

建筑规章规定在建筑中必须使用所有南方住宅类型中都有的前廊。前廊在美国小城镇中起着关键的作用，它通过将入口向外扩展，以及与街道的视觉渗透在建筑和景观、绿化，在公共和私密领域之间起着调节作用。建筑法规还确立了窗与实墙面的比例（窗户的比例必须是竖向的，至少应该是方形的），屋面坡度和材料的限制。滨海城建筑法规中有一条是只许使用那些在1940年以前出现的材料。因为第二次世界大战以前的材料是真实的，三合板就是三合板，油毡屋面就是油毡屋面。第二次世界大战以后，出现了许多工业衍化产品和代用品，例如使用石化产品制造的各种仿造品非常虚假，好似基因工程创造出来的怪物。这种对构造细部的强调与规定对于使用特定材料建造的建筑来说十分重要。但是，主要的公共广场以及邻里社区中的公共空间则不受这种限制。该建筑法规实际上暗示或建议使用某种建筑风格，在滨海城发展的初期阶段，该建筑法规是在规定限制和交换房屋形象的住宅市场上来加以解释的。但是，过分强调建筑形象使得该城随后发展的新建筑受到限制。因为人们过于强调使用和模仿那些成功的形象。实际上，滨海城建筑法规的成功主要由强调空间和平面图示获得，而滨海城总体成功的原因在于其城市法规的成功。

滨海城并非一夜之间建造的那种虚假的快速人工环境，它的总体平面强调逐渐的自然变化与增长，这种变化与增长也不应该是由一两个设计师来设计和规划的，而应在历史中由许多设计师和其他人士从各方面来对其作出贡献，建筑师在进行设计时有着解释建筑法规的可能。实际上每个条文都有着微小的不同解释，在一定程度上加强了城市规章。

DPZ的设计规划方法还有如下几项技术上的细节值得一提：

（1）他们采用"TND"法——"传统社区发展法" (Traditional Neighborhood Development) 进行设计。该法则由分别针对建筑、城市设计和景观领域而制定的一系列简单的规章制度组成。它是一种可以生成的较为广泛而普遍的法规，不同的地方政府都可以对其进行修改以适应当地情况并加以使用。

（2）后来他们又发展了"TUD"法——"传统城市

区法"(traditional Urban District),这是为城市中心区重新发展提供的"原型"和"指导方针"。

(3)"五分钟步程法",他们采用 L. 克里尔在后现代运动期间用古典主义方法进行城市设计时提出的"十分钟步行区"法则,将其美国化为"五分钟步程法"。其目的是创造具有意义的闭合或半闭合的城市空间,以利于居住区内人们的步行,促成城镇的社会活动,创造社区感。但步行距离不能超过五分钟步程。

(4)"一页纸规则"。采用明确有时是强制性的规则来制定城市、建筑和景观标准和规章制度,这些规则仅在一张纸内。其效果是简单、明确、易于执行。

(5)强调"集合经验"。DPZ 在研究城镇规划的历史时认识到所有的城镇都是一种集体产物,具有一种集合经验。这种"集合"性质是城镇和社区具有多元性的保证。根据这个发现,他们请多位建筑师对一个城镇的不同建筑进行设计。由于有"一页纸规则"的限制,这些建筑师既遵循了规则又体现了自己独特的风格,从而产生"原则"与变化的效果。"集合经验"十分重要,现代主义城市规划的失败就是由于缺少了它。柯布西耶的"明日城市"和巴西利亚城规划就是因为缺少多样化和灵活性而成为崭新的"废墟"。

(6)"计算机演示法"。DPZ 认为具有历史的城镇是在历史长河中"进化"得来的。另一方面,传统上一座新城的规划和设计,例如,20 世纪 20 年代美国规划师雷蒙·尤英(Raymond Unwin)和约翰·诺伦(John Nolen)设计的新城也是历时长久。DPZ 在设计中采用传统"试错法"来进行设计。而现在可在计算机上迅速地进行演化、变化、修改、再设计,甚至彻底重新规划,还可以用计算机模拟城市在历史中的"进化"过程,由此保证获得较为完美的城市设计。

这 6 项具体技术手段归纳在他们的总原则之下,这个原则是从美国历史传统城镇和社区规划中寻找出基本设计原则,发现社区构成的基本元素,建立起一套设计和构成的基本法则,然后针对具体设计任务,从那个地区的地方建筑、文化、规范和传统中寻找出该地区特定的形式和结构内涵,运用对当地人们具有意义的形式要素结合总原则进行再设计。例如,滨海城、马里兰州的坎特兰镇、佛罗里达州的文塞村、阿拉巴马州的坦宁村就是典型代表。

面对来自美国东海岸建筑重镇那些喜爱标新立异的建筑师那里传来的激烈批评,普蕾特-兹伯克认为许多设计师和艺术家在学校中就被灌输应该故作高深,强调阳春白雪。她进而认为埃森曼的作品就是这种思潮的极大支持和推动者。滨海城的实践在20世纪80年代,虽然受到美国东海岸以埃森曼为首的精英建筑师的攻击,但却受到生态学家、环境主义者和进行可持续发展设计的人士的支持,因为他们认为这种实践尊重现存的环境和条件、当地的植被和景观,处理当地的、区域性的生态问题,减少汽车的使用和减少环境污染。在回答现代主义是否已经结束这个问题时,她说:"希望那种单一片面的现代主义已经结束。但是还有很多地方需要现代主义和传统,或者说前现代主义,或者说将它们一起作为历史,一个持续发展的历史的一部分来理解。我的意思是说,现代主义已经成为历史。毫无疑问早期现代主义和它的意识形态是非常关心为大众提供住宅,关心为人们的生活和工作提供地方,关心能够提供一种和谐的环境。目前这种脱离大众的现象实在是一种极大的讽刺。由此,在这个意义上讲发展早期现代主义的理想和意识形态还有很多路要走。"

对 DPZ 以及"新城市主义"理论和实践的讨论曾经十分激烈,至今争论也没有停止。反对者主要是进行建筑实验性探索的前卫建筑师,他们认为这种理论和实践是一种保守的建筑实践,不利于建筑的实验和发展。反对和赞成这两种意见都有它的合理性,也都有其极端的一面。正是这种建筑理论和实践的多样性推动建筑领域不断发展。不过,对 DPZ 和"新城市主义"还有许多地方有待讨论,例如在《设计书评》(Design Book Review) 第 37/38 集中约翰·卡利斯基(John Kaliski)就提出一个很尖锐的问题,那就是"新城市主义"并没有解决郊区扩展的问题,而是在环境中散布了一系列的小型中心,从而进一步地破坏了区域性[20]。

20 John Kaliski, "Reading New Urbanism," in *Design Book Review 37/38*, Winter 1996/1997, p.69.

六、洛杉矶的建筑实践

自20世纪70年代开始洛杉矶地区建筑师的建筑实践逐渐形成自己的特征。80年代以来逐渐发展成熟并为建筑界所重视。这些建筑师的作品和方案，无论是形式、构成方式还是材料和色彩在当时都十分新颖和特殊，受到建筑评论、建筑出版、建筑设计和建筑教育界的重视。90年代以来，该建筑学派的作品建成和刊出的已经很多，在建筑界产生了不小的影响，成为洛杉矶地区建筑设计的标志。

与这些建筑师相关的各种建筑现象，尤其是他们在建筑形式、空间、体量和材料使用上具有明显的共性。《进步建筑》的资深编辑约翰·莫里斯·迪克逊(John Morris Dixon)在其文章中将其称为"圣莫尼卡学派"。该学派的建筑形式十分独特，例如将看上去摇摆不定，由金属作为表面的多面体放置在建筑的屋顶上，又如闪亮的棱柱穿墙而过，切开的建筑显示着粗糙的边缘，暴露和揭示了复杂的建筑构造和结构。这些都表现了某种为洛杉矶西区那些有着特殊欣赏趣味的人们所喜闻乐见的建筑倾向。这个独特的建筑师群体，其建筑和室内设计的共性与特征足可以被称之为一个学派。善于贴标签的查尔斯·詹克斯(Charles Jencks)在他1993年出版的《异质大都市》(Heteropois)一书中认为20世纪80年代的洛杉矶建筑具有一种"洛杉矶学派"(L.A. School)的特征[1]。但是迪克逊认为这群建筑师的活动基地仅是洛杉矶大区中的一个十分特殊的地区，确切地说是洛杉矶西部，其中心是圣莫尼卡区[2]，因此迪克逊称之为"圣莫尼卡学派"。该学派的建筑师对当地社团和建筑界起着积极的

1 Charles Jencks, *Heterpois-Los Angeles, The Riots & Hetero-Architecture*, (London & NY: Academy, 1993).

2 John Morris Dixon, "The Santa Monica School," *Progressive Architecture*, May 1995.

影响。他们为建筑界设立了某种具有典型性和示范性的建筑价值。这些建筑师包括盖里、埃里克·欧文·莫斯、罗汤迪、麦克尔·塞、已去世的弗兰克·伊斯雷尔(Frank Israel)、摩菲西斯集团的梅恩等建筑师。不过,这些建筑师的个性都很强,没有人承认属于该学派。在这些建筑师之间也没有那种传统的师承关系。他们之中最年长的建筑师盖里是这些建筑师的领袖和先锋。虽然其他成员都明确指出自己的作品与盖里作品的不同,但他为学派的所有成员所尊重,他无疑是该学派的奠基者。

这些建筑师活动的区域东起好莱坞,西至太平洋的不足几平方英里的圣莫尼卡地区是一个因个人主义泛滥而闻名的地区,在那里对形象十分重视的影视制作人和

图6.1 莫斯设计的IRS建筑 (Eric Owen Moss, IRS Building, 1995)

经济人炫耀着各自的新奇想法。该地区因其温暖的海洋性气候得以使那些看似脆弱、草率和仓促建成的建筑存在。对外界说，这是一群标新立异、自我陶醉的建筑师，他们因为有影视和艺术界富有客户的眷顾得以存在。因此，他们可以不去考虑那些导致洛杉矶其他地区衰败的社会和经济问题。

  他们的设计方法和建筑形式主要用在一些具有较高艺术修养的客户的艺术工作室和海岸别墅上。对这种形象鲜明、反传统、反惯例和反典型建筑的欣赏是一种需要逐渐适应而获得的建筑欣赏趣味。这种设计方法和建筑形式虽然已为人们所接受，但它仍然具有某种任性和极端，以及某种只被一小部分鉴赏家所喜好的特征。因此，这种建筑就与当代艺术更为紧密，而与大部分受雇主委托的建筑任务相去较远。

  1972年与他人一起在圣莫尼卡奠基南加州建筑学院(Southern California Institute of Architecture, 简称 SCI-ARCH) 的瑞·卡帕 (Ray Kappe) 认为20世纪70年代以前洛杉矶地区的前卫建筑都坐落在好莱坞山上或树木掩映的郊区。70年代早期，一些有设计意识的客户开始在属于平原的洛杉矶西部的一些地区，例如，西好莱坞、

图 6.2 莫斯设计的帕拉蒙洗衣店 (Eric Owen Moss, Paramount Laundry, 1987–1989)

图 6.3 莫斯设计的盖瑞组群 (Eric Owen Moss, Gary Group, 1988–1990)

圣莫尼卡、威尼斯和卡瓦尔城 (Culver City) 建立自己事业的基地。圣莫尼卡学派将该地区作为自己的活动区域，没有向北边更为富裕的好莱坞山上的影视明星区进军。因此他们的设计大部分是在城区和郊区的一些狭窄的零星空地和现存工业建筑上进行的。他们没有机会去发展像早期洛杉矶现代主义者，如诺伊特拉那样在建筑、景观和环境之间建立起那种具有紧密而亲切关系的独特建筑。因此，这些建筑师的建筑形式就与建筑所在地城市区域的性质有关，而具有一种急躁、草率和脆弱的性质。

另外一个值得重视的现象是洛杉矶学派的出现正逢洛杉矶地区几个建筑院系的崛起。在1967年以前，洛杉矶地区没有一个建筑院系有足够的教授职位，无法为具有设计才能和处于领先地位的建筑师提供足够的薪金，也无法为鼓励创新和改革的教授和建筑师提供条件。1967年，坐落在洛杉矶西部中心的洛杉矶加州大学成立了建筑系。1969年，大洛杉矶都市区东端的帕莫那 (Pomona) 加州工业大学成立了建筑系。与加州工业大学建筑系有关的一起事件改变了洛杉矶地区的建筑势态和气氛。当时建筑学院提出了一个有关改革过去那种仅重视为社区服务和纯教学的策略，转向在进行基本教育的同时重视追求高水平的纯学术发展方向，加州工业大学行政当局没有支持建筑学院的改革建议。因此，1972年建筑学院院长瑞·卡帕和几位教师离开了该校，与其他几位反传统建筑教育方式的建筑师一起在位于靠近圣莫尼卡的贝多芬大街开办了南加州建筑学院。在这些建筑师之中就有盖里，但对该学院影响最大的莫过于当时与梅内共同主办摩菲西斯集团的罗汤迪。罗汤迪后来独立开设了名为 RoTo 的事务所。罗汤迪的办学宗旨是培养具有真正艺术思想的建筑师，也就是具有颠覆和破坏力的建筑师。他认为一个具有创造力的人最基本的责任就是有志于对目前的世界重新加以解释和定义，并具有抵制现有状况的能力和素质。南加州建筑学院在设计教育上的宗旨是在实验的框架内结合基本功和基本知识，强调个性和培养学生形成个人独立世界观的重要性。该学院成功的主要原因是在其教授中具有像梅内、罗汤迪和莫斯等"后盖里代"富有创造力的建筑师。

1. 设计特征和其文化现象

洛杉矶地区建筑师设计的主要特征是它创造出令人

耳目一新的建筑零部件和破裂、折叠的建筑形式,其建筑常有着出人意料的断裂或联结。虽然这些特征自身并不足以将其与那些从纽约、伦敦或鹿特丹等大城市来的前卫建筑师设计的形式相区别,但是他们的大部分作品是依靠直觉来进行设计而产生的作品。这些建筑师着眼于真实的建筑,而不是那种抽象的纸上谈兵。他们设计出的建筑的典型特征说明这些设计与地方建筑无论是在文脉、色彩还是在材料上都有着某种具体和真实的联系。他们直截了当地表现建筑构造和营造细部,而非压制或遮掩它们。这些建筑,其组成部分在材料、色彩和几何上有着强烈的不同。此外,这些建筑通常还有一种轻质、活泼和透明的建筑外壳。造成这种现象的原因固然与该地区的气候有关,也与当地那种认为建筑只是临时构筑物的想法有关。该学派的另一个典型特征是它仅着眼于当时当地的建筑情景,而不去考虑过去的建筑形式和传统,更不去考虑流行的建筑理论和时尚。

洛杉矶学派建筑设计中的许多要素和母题与美国东部建筑师那种讲求形式美的传统不同,他们使用洛杉矶城市内的现存状况并加以变形,对城市内现有母题加以表现,推陈出新地使用大众文化和普通材料。1939年,克莱门特·格林伯格(Clement Greenberg)在他经典的《先锋派和媚俗》(Avant-Gard and Kitsch)一文中区分了高级文化和低级文化[3],即所谓阳春白雪和下里巴人之间的区别,他认为先锋派艺术家寻求保护绝对的价值,他们试图防止这种绝对的价值被大众破坏和侵蚀。下里巴人文化被定义为非派他性的,是一种非反思性的娱乐。盖里的早期作品偏重于"下里巴人"的一面,因为他的感情更专注于有社会目的和为社会服务的作品,而不是关注于精英圈子内的那种孤立主义之上。对于注重阳春白雪的先锋派们,出现在阳春白雪和下里巴人之间的分离并不是什么严重的事情,因为他们认为认识论上的问题要比文化媒体的通信问题重要得多。与该学派同时存在的美国东海岸解构主义建筑师大多是文化精英,强调高雅风格的纯粹建筑。而洛杉矶地区建筑师的实践并不排斥下里巴人的文化,他们开掘大众文化,将其当作创作的源泉。

艺术的历史表明任何成功的作品都是从生活中抽取而来的。但是在洛杉矶逐渐出现了另一种倾向,即以风格代替对生活的抽象。这种情况继而造成系统地对现实

---

3 Gavin Macrae-Gibson, *The Secret Life of Buildings: An American Mythology for Modern Architecture* (Cambridge: MIT Press, 1986), 转见于 James Steele, *Los Angeles Architecture* (London: Phaidon, 1998), p. 93.

自身的破坏，这种不断替代从真实中进行抽象的活动造成了一种"虚假现实"(hyperreal)。这种虚假现实出现的机理犹如对复印件的再复印，有合成、重构、构成和与现实彻底脱节的各种现象。在这种称之为"虚假空间"的真空中，表现真实的符号和真实的表象代替了真实自身。由此，历史的延续性就被破坏了。盖里的劳耀拉大学法学院(Loyola University Law School)就是这种用现实符号代替现实自身的作品。这样，在城市建筑领域艺术不再模仿和源于现实，不再有生活的艺术，相反，出现的是艺术模仿艺术的现象。盖里与该地区其他著名建筑师都加入了这种创造"虚假现实"的活动。这种明显地从内在或更小范围的世界去寻找所谓"虚幻现实"的努力实际上是对洛杉矶环境现实的一种自发的反应。因为今日的洛杉矶已被一层虚假的现实所覆盖，那种原初、真实的洛杉矶市以及洛杉矶周围不可思议的、奇异的自然环境背景早已无法辨认、无法识见了。

另外，与纽约建筑师开掘建筑历史和过去的形式并将其作为新风格的源泉和依据不同，当时洛杉矶的前卫建筑师们从电影、赛车、电子游戏，以及寻常街道两侧的内容和乡土内容中进行发掘，将其作为建筑设计的灵感和源泉。他们设计的建筑不寻求那种所谓的永恒性，他们的基本信念是不采用乌托邦理想形式来创造建筑和城市。在他们看来，如果将洛杉矶这座杂乱无章、最具解构意义的城市作为建筑设计构思的源泉的话，就不可能也不应该创造一种整体、均衡的建筑。如果非连续性是洛杉矶城市的现实，那么，在当地非整体、片断地设计建筑就是十分现实和具体的了。

此外，洛杉矶的电影业是该城市的一个象征，对洛杉矶来说电影是该市最大也是唯一的工业，建筑师不得不考虑电影业对建筑的影响。梅内说："今天，建筑如同电影一样的短暂，在我的作品中最落实的部分是那些出现在出版和印刷物上的作品。建筑在十年内便会消失，它已经不像过去那样永久"。另一位洛杉矶建筑师伊斯雷尔则在 1978–1979 年间出任过帕拉蒙电影公司的艺术指导，他说："1977 年我来到洛杉矶急切地试图将自己所受过的建筑教育和好莱坞的影视制作联系起来"[4]。进行前卫设计的建筑师们也确实在电影与建筑设计、空间制作和蒙太奇与空间效果之间建立了不少有益的联系。但对整个社会的影响来说，洛杉矶的电影业是作为大众

4　见 Philip Jodido, *Contemporary California Architects* (Taschen, 1995), p. 46.

传播媒体，如电影、电视、新闻制作、广告、娱乐业、通信和最为重要的互联网的一部分一起对整个社会，包括建筑界起到影响的。在商品经济社会，尤其是以消费为主的资本主义社会中，大众传播媒体的重要性在于其强劲的促销作用。作为影视、广告和娱乐中心的洛杉矶，其优势也正在这方面。因此，任何与形象和大众媒体有关的领域都要在洛杉矶抢占一席之地，因为这里出现的"形象"起到主导潮流的作用，对大众消费，也就是金钱的获取至关重要。因此媒体和宣传便成为产品成功与否的关键。建筑作为大众消费的一部分自然也成为大众媒体的一部分，而且由于建筑的形象和设计因素，使得它与洛杉矶地区的影视业密切相关。影视制作商在自身的建筑形象上就要考虑标新立异、与众不同。

在急剧变迁的社会中，经济和环境导致两种对待环境的态度：一种试图在人类经验中寻求使人感到安全和慰藉的延续性，也就是可以将目前的状况置于过去和未来的关系中。这样的建筑设计通过抽象来产生历史性的类型学。类型学的倾向是通过从过去寻找对今日仍然有用和有效的部件，也就是将历史前例与今日的实践结合起来，采用这种设计的建筑师通常强调他们所考虑的是永恒持续的形式和意义。由此，寻求适宜的环境和建筑形式便成为一个很敏感的问题。因为具有历史寓意的形式或与传统相联系的内容，无论多么抽象都与文化记忆相联系，这种文化记忆将特定行为与特定形式联系起来。另一种方法强调目前的现实环境，通过个人的经验来强调真实、可靠和权威的方法。洛杉矶地区的成名建筑师采用的是第二种方法，例如莫斯，其设计一贯根据洛杉矶的城市现实进行。盖里的早期设计实践是对洛杉矶建筑环境现实中的独特现象进行抽取、重新进行组合和变化而获得的。他早期的作品在一定程度上与后现代建筑理论，尤其是文丘里的建筑理论有着关联。文丘里的《向拉斯维加斯学习》分析了美国建筑和城市的现实状况，从中发现合理、合用的成分与内容，并将其理论化。他的理论中有一部分与"存在即合理"的论调相似，例如，向商业符号和广告学习等[5]。盖里和莫斯等人则选择向建筑和城市中富有代表性的构成方式和形式特征学习，从中吸取内在精神，并由此进行独特的建筑设计实践和创新。

可以将洛杉矶地区这些建筑师的建筑实践的特点归

5 Robert Venture, *Learning from Las Vagas* (Cambridge: The MIT Press, 1977).

纳如下：

（1）使用价格便宜、十分普通的建筑材料，巧妙地将其作为建筑表现的手段和对象。盖里最先在他的自宅（Gehry House,1978-1988年）上进行了实验性探索。他在该住宅改建工程中使用铁丝网、金属波纹板和不加修饰的木枋，简单地构造起来的结构。这件作品，以及埃里克·欧文·莫斯在建筑中使用绳索、混凝土砌块、陶制下水管、三合板、聚合板和钢筋作为建筑的主要表现对象，改变了人们的建筑审美观和对建筑材料使用的传统观念。菲利普·约翰逊甚至称莫斯为"废品珠宝匠"[6]。

（2）将建筑体块、空间和实体分解和片断化。使用这种策略和方法将单体分解为有特性的体块，形成一种多重体量形成的整体。这样形成的建筑犹如小村庄，一种景观化的风景般的建筑构成。不同的体块通常使用不同的材料和色彩构成，体块成为表现的对象。这样，建筑设计便成为雕塑的塑造。盖里的后期设计便越来越走向将建筑作为雕塑来对待，从而形成建筑与雕塑之间的对话。约瑟夫·乔万尼(Joseph Giovannini)说，"60年代以来，绘画从画框中走了出来，雕塑离开台座，最终走进开敞开放空间。洛杉矶建筑师设计的作品可以理解为是为特定场所设计制作的城市雕塑"[7]，建筑作为城市雕塑作品的这种特征在盖里和莫斯的建筑上体现得最为突出。对于莫斯以及盖里的早期作品来说，采用这种设计策略是因为当时他们设计的建筑所处的建筑场所和环境大多是一些毫无特色、杂乱无章的废旧、衰败的城市工业区。为了起到城市复兴和复活的目的，他们采用了这种大胆、活泼和令人耳目一新的设计策略。这样，他们采用的建筑设计方法和形式特征成为一种城市设计策略，一种在特定城市情景中的特殊城市设计策略。

（3）与盖里和莫斯那种将建筑整体作为艺术作品来加以塑型的态度和方法不同，伊斯雷尔和摩菲西斯集团将建筑零部件作为艺术作品来对待，当然，这些作为艺术品的建筑部件是用建筑材料和手段方法构造出来的。伊斯雷尔设计的展览亭具有典型和示范的意义。

（4）"粗技派"(rough tech)的手法是该地区建筑师的另一个特征。这尤其表现在莫斯以及克雷格·郝杰斯(Craig Hodgetts)与方明(Ming Fung，音译)的作品中。郝杰斯与方明为UCLA设计的临时图书馆，用醒目的黄白颜色聚酯纤维薄膜作为建筑表皮，以及土红色的炉渣

6 见 Philip Johnson and Wolf D. Prix, *Eric Owen Moss, building and projects* (New York: Rizzoli, 1991).

7 Philip Jodido, *Contemporary California Architects* (Taschen, 1995), pp.44-45.

砖、简单的可以随处买到的灯具和暴露的消防水管一起构成了一件手法特殊的作品。这件成功的作品表明低造价、非正式建筑结构的设计也可以十分成功。他们使用了低造价的现代技术与材料，采用了与"高技派"完全不同的手段、方法和态度而形成了一种"粗技派"的特点。

2. 建筑设计之取向

上述建筑师的设计各自不同，盖里的建筑设计显示出直觉、灵感和雕塑感；摩菲西斯集团的作品强调从格网或其他几何要素中衍化来的空间秩序，从而导致"重复"(repetition) 和"间断"(interruption) 之间的一种张力和作用[8]。摩菲西斯集团作品的内部秩序似乎明显和清晰，而盖里雕塑般的建筑，其室内看上去似乎没有精心构造，是外部形式塑造的偶然结果。该学派其他成员则似乎既没有像摩菲西斯集团那样极力强调几何性，也没有像盖里那样对雕塑性那样重视。

这些建筑师的设计在与地方和乡土建筑联系上亦有很大的不同。摩菲西斯集团和梅恩的作品没有显示出多少与乡土建筑的联系，摩菲西斯集团的前成员之一的麦克尔·塞，其作品也没有与乡土建筑的联系。伊斯雷尔

8 参见 Peter Cook and George Rand, *Morphosis* (New Work: Rizzoli, 1989).
Richard Weinstein, *Morphosis Buildings and Projects 1989-1992* (New York: Rizzoli, 1994).

图 6.4 Hodgetts + Fung 设计的 Towell 临时图书馆 (Hodgetts +Fung,Towell Temporary, 1991–1993)

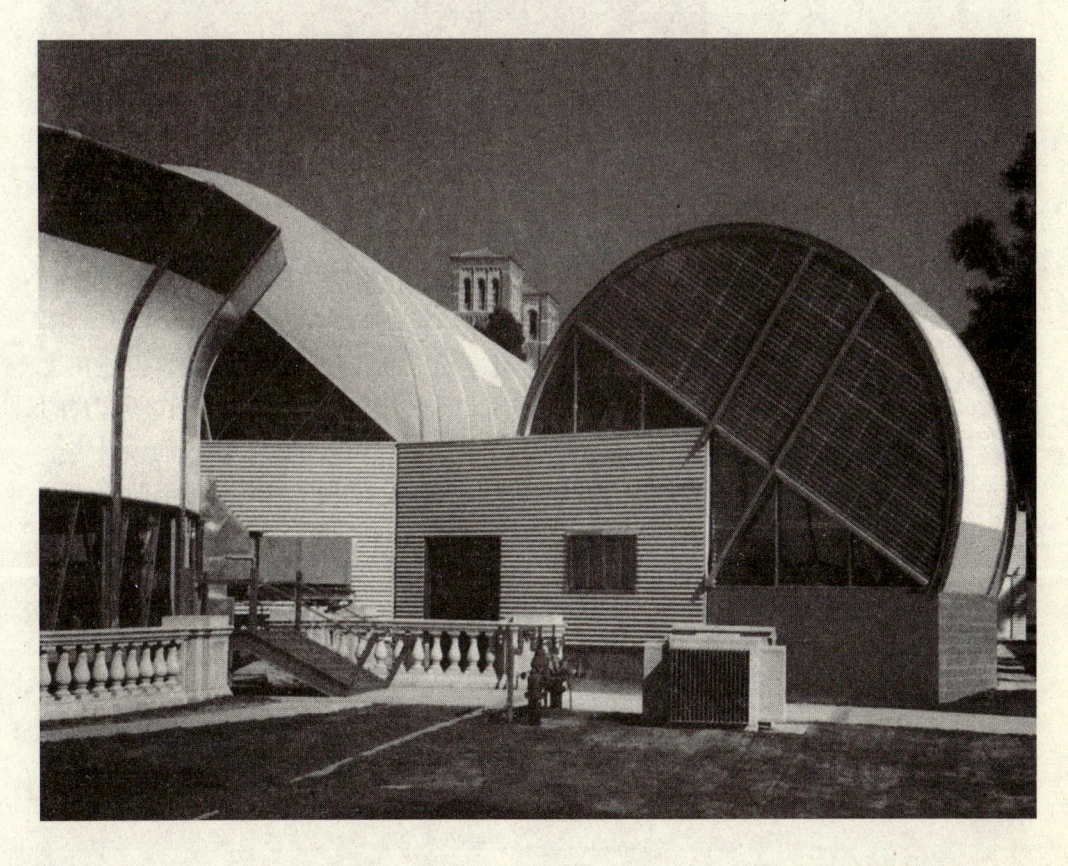

图 6.5 摩菲西斯设计的克劳复住宅 (Morphosis, Crawford Residence, 1990)

9 参见 Frank Garey, *Franklin D. Israel: buildings and projects* (New York: Rizzoli, 1992).

10 参见 Philip Johnson and Wolf D. Prix, *Eric Owen Moss, building and projects* (New York: Rizzoli, 1991).
Anthony Vidler, *Erick Owen Moss, Buildings and Projects 2* (New York: Rizzoli, 1996).

的作品主要处理抽象的形式，但是表现了 20 世纪 30 年代现代主义建筑师，如纽伊特拉在好莱坞设计的建筑的那种魅力[9]。埃里克·欧文·莫斯的设计使用许多波普或大众形象，例如，具有讽刺意味的坡屋顶和巨大的图像[10]。虽然，他现在已经不再使用这种手法，但他在设计上还不时地使用非传统手法而出人意料。由于客户的变化，盖里获得的建筑项目越来越大，相应的项目资金也越来越充裕，因而他停止使用那种简易和临时性的建筑材料，如不再使用铁丝网、暴露的板条、波纹金属板和其他十分普通的建筑材料。但是，其他建筑师仍然采用相似的方法使用这些材料，并对许多建筑师有着影响。盖里和莫斯的建筑带有很强的地方色彩，当然这个所谓的"地方"就是洛杉矶，因此在一定意义上具有乡土特色。当然这不是一般意义的地域主义，而是"批判的地域主义"态度。

在设计思维和策略上可以将这些建筑师分为两类：一种强调设计中的灵感和直觉，另一种强调理性和智力。前者以盖里为代表，后者以摩菲西斯集团为代表。盖里的作品体现出某种自发性，这种自发的设计冲动也表现在他那种显得冲动、抖动的设计草图上。梅恩的设计强调智力和理性设计，他的作品是对几何形进行组合、处理、操纵和控制的产物。他的设计和设计分析图在平面和剖面上使用一层层复杂、微妙的建筑设计分析图进行系统的收集、整理和总结，对其进行理智的讨论。

摩菲西斯集团的前合伙人罗汤迪在1991年离开了摩菲西斯集团以后则一直进行即兴设计(improvisational design)的探索，即在施工现场，在建筑场地随着施工和营建而设计。他还越来越投入到有较强社会意义的建筑项目上，例如，为美国土著设计学校。此外他还将即兴设计过程用在靠近洛杉矶城市中心的旧工业建筑的重新发展和改建上，这很有些像莫斯对卡尔瓦城(Culver City)的轻工业建筑和结构所进行的改建设计。这两位建筑师所进行的改建设计是客户提供的，是在城市区域内规模较大的长期改建计划，因此，为他们进行城市设计提供了实验场。虽然这些建筑师设计的大部分是独立的建筑，并没有与城市环境和城市文脉建立很好的关联，但是莫斯在卡尔瓦城中所进行的设计展现了在该城中的一种很有希望的城市设计策略。这种设计策略使用雕塑般的建筑，将其插入平庸和没有特征的城市组织和结构上，从而起到促进城市活力的作用。

这些建筑师能够起到影响的原因在于他们发现了一种将现代主义引进当代(后教条时代)的很有希望的设计策略。20世纪70年代，正当后现代主义提出一种怀恋过去的建筑形式时，这些建筑师采取了一种十分现实的方法。他们承认目前的现实是"合理"和客观的，是必须面对的。他们从现代主义中抽取出抽象的形式原则，并将其与地方营建方法结合起来，产生出一种活泼和不确定的建筑形式。他们的作品表现了一种自由和解放的建筑感受，其中充满了各种非理性的和不稳定的要素，其作品形式表达的信息丰富，很能吸引人们的注意。

对这些建筑师的批评主要是针对他们将塑造建筑的雕塑感置于创造有效的室内空间之上的设计方法而进行的。他们设计的室内空间经常犹如倒立的锥体空间，或犹如有棱角的晶体空间形式，但是人们并不一定喜爱住在这样的空间内。与 20 世纪许多建筑师相同,该学派建筑师在处理室内空间的比例、日照、光线和其他可以使室内适于居住的要素时也时常失误。梅恩、罗汤迪及其追随者虽然极为重视室内空间和体量的设计,但他们使用的几何秩序常常使人产生一种犹如置身于无法逃脱的牢笼中的感觉。另一方面,这些建筑师创造出令人着迷、启人心智、使人激动的室内空间,例如,盖里设计的富有戏剧性的、看上去闪闪发光的维特拉设计博物馆(Vitra Design Museum)室内展廊,以及摩菲西斯集团设计的癌症中心等。

另外一种批评是针对他们设计的建筑大多个性极强,自成一体,很少关心城市、社区或邻里。批评他们不关心建筑所在城市街区中的邻近建筑和城市景观。不过这种批评并不中肯,也不切实际,因为该学派设计的建筑和他们的工作环境所在地大都位于洛杉矶西部,这是一个平缓、无特征、没有经过设计的杂乱无章的城市区域。该学派采用的是一种对比或将自己的作品作为中心的设计手法。还有一种批评观点认为这些建筑师设计的某些建筑部件——那种采用钢铁部件、金属五金部件,以及那种锈迹斑斑的形象——似乎具有某种疯狂和变态的症状。不过持反对意见的人们则认为该学派的作品具有很强的学术性。

3. 奠基人:盖里[11]

作为该学派中年长和受人尊敬的建筑师,盖里很早便为建筑界所承认,他是典型的美国西海岸建筑师,与东海岸建筑师那种强调建筑理论和建筑哲学的倾向不同。他很少讨论建筑理论,他的所思、所想都表达在建筑中。他使用建筑的材料、色彩、体量,使用建筑的语言来表达建筑,他对材料和建筑体块的处理达到了随心所欲的地步。阿隆·班斯奇(Aaron Betsky)[12] 称他为美国当代建筑的"四教父"之一。盖里自认他考虑的是真实世界中的建筑,与文丘里、埃森曼和海杜克这三位东海岸"教父"不同,这三位都试图将潜藏在建筑形式特征下的可能性解放出来。盖里则试图从现在的世界中抽取,将现成的世界作为源泉,并进一步重新创造真实的世界。在早期作品中,他首先将建筑中起保护作用的外表围护揭去,从而暴露了建筑的内部组织和结构,也就是说展示了建筑的描述性、说明性和限定性的骨架,进

---

11 参见 Francesco Dal Co and Kurt W. Forster, *Frank Gehry* (New York: The Monacelli Press, 1998).

12 Aaron Betsky, *Violated Perfection* (New York: Rizzoli, 1990).

而揭示了住宅或建筑的原初工艺,并将人们的注意力转向该建筑是如何建造的,而不是去注意该建筑是如何使用的,或该建筑代表了什么样的社会阶层的问题。随后,他对限定作为一个具有封闭特征的建筑中的关键点进行变更,从而改变了建筑的那种固定的、封闭的和可预见的性质。再进一步,他在设计中力图表现建筑中的营建或制造活动,因此建筑就成为可以不断生长和消亡的一种动态活动。这样,建筑师的作用就成为在变形、塑型和重塑形式的现实相互作用中去维护人们如何感知、了解和制造的活动。这些特点在盖里的自宅设计中有着清楚的表现,他在该住宅的设计中使用的许多手法,在圣莫尼卡学派其他成员,如伊斯列和莫斯的设计中也有所表现。

　　盖里不仅成功地挑战了被现代建筑认为是合情合理的形式,更重要的是,他还对寻常建筑材料的使用和使用方式提出挑战。他对材料的使用和对形式的表现方式是早期和艺术家朋友接触和交流中逐渐形成的。他对艺术家们在实验上的自由和自主性十分向往。他说,"我的艺术家朋友们使用便宜的材料,如劈裂的木材和纸创造了美。他们直截了当地表现,创造了并非肤浅也非表面化的细部。这使我思考什么是美的问题。我选择现成的工艺并和工匠们一起工作,从工艺和材料的极限中创造出真美。我试图探索新建筑材料的使用和营造过程,试图赋予形式以精神和感情。"1968年他的一位朋友于洛杉矶县立艺术馆举办展览,盖里为其进行展室设计。在设计中他第一次使用了不加修饰的三合板、金属波纹板和暴露的木桁架。1978年在位于圣莫尼卡的自宅中,他使用同样的材料并加上铁丝网等材料设计了他第一件广为人知的作品。20世纪80年代,盖里的作品开始为国际建筑界所重视,这时期他的作品主要位于圣莫尼卡和威尼斯城的海滨区域,这个区域后来成为洛杉矶地区其他著名建筑师,如梅恩、伊斯雷尔和莫斯等人进行建筑设计的主要场所。

　　与20世纪60年代以路易斯·康领导的、以宾夕法尼亚大学为教学基地的"费城学派"不同,盖里虽被称之为洛杉矶学派或圣莫尼卡学派的领袖人物,但他从来没有教授过被称为该学派的主要建筑师,而且这些中青年建筑师都试图与盖里的影响保持距离。80年代早期盖里开始对洛杉矶建筑有了重要的影响。在诺顿住宅

(Norton House)上他使用了混凝土砌块、瓷砖和不加修饰的原木,以及那座如同海边救生员使用的瞭望塔式的构筑的组合,反映了建筑周围环境的混乱状况,盖里以一种原创方式设计了这座住宅,打破了当代建筑的常规模式。在离诺顿主宅不远的几个街段以外盖里设计的一座墨西哥餐厅,表现了南加州生活方式的另一方面。这是一件改建翻修作品,他使用了混凝土地面(磨光上漆)、砖墙、不锈钢、铜和原木梁柱等材料。盖里还自己设计了室内灯具:摇曳的鳄鱼、鱼形灯和章鱼吊灯,创造了一种具有活泼欢乐气息的室内空间。

盖里自宅是第一件表现出该学派建筑形式特征和设计方法的作品。这件作品将铁丝网、波纹金属板、未经处理的木板和木条等通常不作为正式建筑材料使用的材料,作为富有表现力的材料来使用。盖里对这些材料进行非常规的、戏剧性的组合构成。这是件扩建工程,盖

图 6.6 伊斯雷尔设计的艺术展亭 (Frank D. Israel, Art Pavilion, 1991)

六、洛杉矶的建筑实践

里将改建和加建的部分设计得好似从原有的结构中生长出来的一样,穿透建筑原有的轮廓和结构,并将建筑的结构暴露出来作为表现对象,从而产生了建筑的第二层表皮,展示了一种人所未见的奇特美,展现了今天被人们称为圣莫尼卡学派建筑的很多特点。

  这件作品表现了设计者的建筑信念,盖里认为即使是极为普通的建筑材料也有潜在的表现力,也有可能通过设计发掘其中的美。加文·麦克雷-吉布生(Gavin Macrae-Gilbson)认为盖里自宅的形象关注更多的是知觉(perception)而不是记忆(memory)[13],这种重感知而轻

图6.7 盖里自宅(Frank Gehry, Gehry Residence,1977-1978,1991-1994)

13 Gavin Macrae-Gibson, *The Secret Life of Buildings: An American Mythology for Modern Architecture* (Cambridge: MIT Press, 1986), ×ª 见 于 James Steele, *Los Angeles Architecture* (London: Phaidon, 1998), pp.89-90.

记忆的倾向是盖里对审美和艺术的偏爱所至。实际上几何艺术领域向来重视觉轻记忆，通常对几何形体进行设计的艺术家们认为几何艺术纯粹是有关视觉的，与记忆无关，而从城市角度谈记忆通常与城市的文脉相关联。盖里自宅的形式在洛杉矶城市的特定环境中有其环境意义和存在的理由。但从另一角度讲，今日美国的城市、乡村和郊区本身已经无记忆可言，也就是说没有场所感，所有的城市和郊区文化环境都具有一种消费文化的"临时感"。从这个层面上说，今日美国不存在"场所"，因此无记忆可谈，有的仅是逐渐抽象化的美国现实的网络。

盖里和洛杉矶地区其他建筑师的建筑设计和实践对建筑材料、形式和构成方式进行了大胆和新颖的实验，成功地打破了传统设计、构成和材料使用的规则，为发展和丰富当代建筑形式、词汇和意义作出了贡献。

图6.8 盖里设计的古根海姆博物馆 (Frank Gehry, Guggenheim Museum, 1991–1997)

七、批判的地域主义

地域主义在当代的发展是多种多样的，其中最有活力和与时代相融合的一种便是"批判的地域主义"。批判的地域主义是一种原创性的运动，它是回应全球化发展所造成的问题而出现的，它对全球化发展持强烈的批判态度。批判的地域主义在文化空隙中澎湃发展，它以不同的方式逃避了世界大同文化的侵袭。在今日全球现代化持续加温并对地域和民族文化构成极大威胁的时代，批判的地域主义理论和实践的存在就十分重要。从批判理论角度出发，应该将地域文化作为有意识培养的而非自生自长的文化运动。这种运动的诗意在于它与地域主义传统所使用的技巧和手段完全不同。批判的地域主义与其他种类的地方主义，例如浪漫和风景般的地方主义，具有相同的传统。它强调地方性，使用地方设计要素作为对抗全球化和世界化大同主义建筑秩序的手段。"批判的地域主义"潮流试图保护地方性，保护地方自身，同时它也反对那种浪漫的地方主义和与其相联系的商业文化。

批判的地域主义将地方的地理环境作为设计灵感的源泉。使用这种思想设计的作品使人产生一种独特的有地方建筑价值的感觉，因此这是一种富有同情心的建筑思维。批判的地域主义具有永恒的生命力，因为它来源和植根于特殊地区的悠久文化和历史，植根于特殊地区的地理、地形和气候，有赖于特定地区的材料和营建方式。

亚历山大•楚尼斯(Alexander Tzonis)和里亚纳•勒费弗尔(Liane Lefaivre)在20世纪80年代初发表的《为什

么今天需要批判的地域主义》一文中认为：在批判的地域主义这个术语出现以来的过去10年中，它已经成为替代明显衰老的现代主义，以及替代后现代主义未老先衰的兄弟——"解构主义"的一种理论和实践。虽然人们意识到后现代正在消退，意识到解构根本不能代替后现代的位置，但有些人仍然不相信批判的地域主义，因为他们怀疑在一个经济技术上互相依赖，日趋大同化的世界中，如何能够成为并保持地域主义。也就是说，当根据种族决定的社会和文化在我们面前快速消失时，人们如何成为地域主义？人们如何能够既持有批判性，又是地域主义的呢？[1] 作为现代人，我们经常遇到自己所熟悉的地方和环境不复存在的现实，这是一种现代人的失落，是一种文化的、政治的、种族的失落，也是一种文明丧失了其具有独特识别性的区域、集体的社会结构和集体的表现的现象。这使许多人产生一种失落感，为一种社团和地区的消失和不复存在而叹息。地区性的丧失除了使区域和地方主义建筑师怀旧和向往过去的时光外，还能做些什么呢？一些建筑师仅仅采用低级手法，就是选择地区建筑十分典型的片段或符号，将其重新组装、拼贴起来，做成一种虚假和俗套的形式而用在商业建筑，如餐厅和旅馆上。但这并不是今日地方建筑的发展方向，真正有生命力的地方建筑实践则是采用批判的地域主义思想所进行的建筑实践。

作为一种实践和思维潮流的"批判的地域主义"历史并不很长。当代荷兰建筑学者楚尼斯和勒费弗尔在1981年首先提出批判的地域主义的概念。1983年弗兰普顿在他的《走向批判的地域主义》一文和《批判的地域主义面面观》一文[2]，以及在1985年版的《现代建筑——一部批判的历史》[3]中正式将批判的地域主义作为一种明确和清晰的建筑思维来讨论。当然，弗兰普顿并没有发明批判的地域主义，他仅仅是识别和辨认出这种已经存在相当时间的建筑世界观和建筑学派。他识别出在建筑设计中可以被认为是批判的地域主义的六种要素。这六种要素如下：

（1）批判的地域主义被理解为是一种边缘性的建筑实践，它虽然对现代主义持批判的态度，但它拒绝抛弃现代建筑遗产中有关进步和解放的内容。

（2）批判的地域主义表明这是一种有意识、有良知的建筑思想。它并不强调和炫耀那种不顾场址而设计的

---

1 Alexander Tzonis and Liane Lefaivre, "Why Critical Regionalism Today?" In Kate Nesbitt, ed., *Theorizing a New Agenda for Architecture* (New York, Princeton Architectural Press, 1996), pp. 484-492.

2 Kenneth Frampton, "Towards a Critical Regionalism: Six Points for an Architecture of Resistance", in Charles Jencks and Karl Kropf Karl eds., *Theories and Manifestoes* (Academy Editions, 1997), pp. 97-100.

3 Kenneth Frampton, *Modern Architecture a Critical History* (London: Thames and Hudson, 1992), p.320.

孤零零的建筑，而是强调场址对建筑的决定作用。

（3）批判的地域主义强调对建筑结构和建构(Tectonic)要素的实现和使用，而不鼓励将环境简化为一系列无规则的布景和道具式的风景景象系列。

（4）批判的地域主义不可避免地要强调特定场址的要素，这种要素包括从地形地貌到光线在结构要素中所起的作用。

（5）批判的地域主义不仅仅强调视觉，而且强调触觉。它反对当代信息媒介时代真实的经验被信息所取代的倾向。

（6）批判的地域主义虽然反对那种对地方和乡土建筑的煽情模仿，但它并不反对偶尔对地方和乡土要素进行解释，并将其作为一种选择和分离性的手法或片断注入建筑整体。

批判的地域主义建筑实践自 20 世纪五六十年代开始，到楚尼斯和弗兰普顿在 80 年代对它的总结，以及至今的蓬勃发展都说明这是一种具有生命力的，一种有价值、有潜力、严肃、特定、现代的，而且是地方的建筑思想和实践。下面就对地域主义的建筑思想和实践进行讨论。

1. 芒福德的原创性地域主义思想

楚尼斯在他的近著《批判的地域主义》一书的序言中认为"批判的地域主义"是用来描述当代地方主义理论和实践的，以便将其与传统地方主义相区别[4]。1981年当他首先使用这个名称时，其目的是希望将人们的注意力从反现代主义的后现代主义理论和实践中吸引开来，将注意力关注于当时欧洲一些建筑师所采取的一种与后现代主义不同的设计实践和策略上。在这本书中，他没有试图表现地域主义是迷惑和困境的历史以及有关认同和识别的问题，而选择了一些触及地域主义所关心的问题的作品。他强调当时美国建筑理论和批评家芒福德在 20 世纪 70 年代早期即认为现代建筑运动的核心是地域主义的，只不过它被教条的国际风格所劫持。早在 1924 年芒福德就十分有远见地将地域（地区）主义从商业和沙文主义的弊端中拯救了出来，将其重新与浪费、乱用资源、材料的经济和环境的代价联系了起来。在 1951 年 9 月号的《纽约人》杂志上[5]，芒福德对国际风格的代言人希区柯克和现代主义的理论家吉提翁进行了

4 Liane Lefaivre and Alexander Tzonis, *Critical Regionalism, Architecture and Identify in a Globalized World* (New York: Prestel, 2003).

5 Lewis Mumford, "The Skyline [Bay Region Style]," in Joan Ockman ed., *Architecture Culture 1943-1968: A Documentary Anthology* (New York: Rizzoli, 1993).

猛烈的批评，在这篇文章中他第一次识别和列出一群当代美国地域主义建筑师，主要是旧金山的"湾区学派"，包括梅白克和伍斯特。并认为这是一种当地的、本土的和人道的现代主义形式，比当时的国际风格要高明得多。这篇文章在当时引起震动的原因在于它第一次提出可以用地域主义取代国际风格。这篇文章触动了当时以纽约现代艺术馆(MOMA)为中心的占主导地位的国际风格建筑师，他们立即行动起来对芒福德进行还击。在短短3个月内，当时MOMA主任A.巴厄(A.Barr)和希区柯克组织了史无前例的公开论坛来还击芒福德，短时间内几乎所有当时美国东部有影响的建筑师们都响应MOMA的邀请担任讨论会的委员，它们包括格罗皮乌斯、沙利宁，文森特·斯卡利、彼德·布莱克、考夫曼、纳尔逊、马塞尔·巴厄等。与会者的发言包括同业、建筑院校和建筑杂志，以及格罗皮乌斯、希区柯克、布莱克、纳尔逊和巴厄的发言都对地域主义(包括赖特)进行了激烈的批评，并为国际风格的现代主义进行了辩护。

但是，芒福德的地域主义思想在新一代建筑师中获得了回应。他们认为第二次世界大战后的地域主义不是那种民间和民俗风的复兴主义，并认为建筑师可以从赖特和阿尔托这样的地域主义建筑师那里获得比柯布西耶空洞的形式主义的"形式空间"更多的东西。在随后的5年里，以MOMA和CIAM(国际议会宪章)为首的美国东部当权建筑师、学会、院校和杂志对地域主义进行了无情的批判。1951年，希区柯克在为他和菲利普·约翰逊的现代建筑"国际风格"建筑展25周年纪念时，再一次抨击芒福德和伍斯特。1952年，希区柯克和MOMA建筑展览部一起举办了展览，并由约翰逊为展览撰写了前言和手册，在展览前言中约翰逊对他自己和希区柯克在25年前第一次现代建筑的国际展览自我吹捧，宣称现代建筑早已赢得了胜利，他的国际风格到处传播，并认为美国建筑中仅有国际风格。希区柯克更是极力反对地域主义，他声称"传统"建筑如果还没有被埋葬，也已经死亡。芒福德则继续为地域主义进行辩护，1949年在旧金山市政艺术博物馆举办的"旧金山湾区的本土建筑"展览中，他抨击国际风格限制性和空洞的程式，认为它不是真正的现代主义，而是第二次世界大战后的虚假替代品。《景观》杂志的创办人J.B.杰克逊(J.B. Jackson)在20世纪50年代还是年青一代的建筑师，他深恶痛绝国际风格、MOMA，以及CIAM对美国地方建筑和景观现实的忽略，他将该杂志贡献给了美国西南地区的地方建筑、乡土建筑、地质、地形和生活方式。勒费弗尔认为，芒福德和杰克逊在20世纪四五十年代的著作表现出一种美国"地域主义的觉醒和反抗"。

为什么勒费弗尔将芒福德的地域主义称为批判性的呢？是否可以按照定义说地域主义必然是批判性的？她认为，自从文艺复兴以来，地域主义总是对外来试图将国际化、全球化和普遍化的建筑置于特殊的地方特征（无论这种特征是建筑的、还是城市的或是景观的）之上的倾向持批判的倾向。芒福德的地域主义的批判性还在于更为重要的第二点，那就是它不仅对全球化持有批判态度，而且对地方和地域主义持批判态度，从而第一次与几百年来的地区主义运动相决裂。这是与那种绝对的、毫无通融地拒绝和反对大同和普遍的地域主义倾向相决裂。芒福德第一次在地域主义中发现了相对性的概念。这样，地域主义就被看作是一种对全球化世界的交流与沟通，而不是采取一种拒绝的态度。换句话说，芒福德的地域主义成为一种在地方与全球之间不断交流和沟通的过程。这是他重要的原创性贡献，是他对地域主义传统定义的批判性再思维。"批判"的概念可以追溯到康德的"批判"思想（《实践理性的批判》和《纯粹理性的批判》）和法兰克福学派的批判性思维。这种哲学传统开创了西方哲学离开先验接受给定的真理，而对自己的认知范畴进行不停的反思和自我批判。正是在这个意义上楚尼斯和勒费弗尔使用批判的地域主义这个概念。芒福德是第一位系统地在这个意义上对地域主义进行重新思考的建筑理论家。他采取参与而非抵制的态度——一种融合的地域主义，而非隔离的地域主义态度。

勒费弗尔认为芒福德的思想与另一位也是强调地域主义的哲学家海德格尔不同，虽然海德格尔在20世纪50年代的著作中也强调作为"家"的"场所"、"大地"、"地方"和"土地"并将其与机器主导的文化和技术社会放在一起讨论，由此指出机器主导文明的危机。在这点上，芒福德与海德格尔是相一致的。但是，他们两人的出发点和认识是彻底不同的。海德格尔的"场所"、"家"和"这片土地"是与一群由具有共同种族背景、语言和"灵魂"的独立和封闭的人类族群不可分割的，如果减弱这种联系便会导致衰退。对芒福德来说，减弱这种民俗和乡土联系并不会导致衰败，相反它意味着进步。芒福德的地域主义是植根于称之为美国文艺复兴的浪漫和民主的多元文化主义。因此，他的反极权的地域主义与海德格尔的纳粹式的、保守的、种族隔离式的地域主义完全不同。海德格尔的思想植根于反现代主义的态度，以及其背后的民粹和批判现代技术的思想。

芒福德从5个方面定义了地域主义：

（1）它不同于旧形式的地方主义，因为它拒绝了绝对的历史主义。它拒绝使用那些不能满足建筑功能的地方材料，他说："地域主义并不是有关使用最现成的地方材料，或是抄袭我们祖先所使用的某种简单的构造和营建形式的。"事实上，他赞成如果不能对历史先例加以变通以满足本地区不断变化的需求，就应该彻底抛弃。他进而认为"人们谈论地域主义特征的方式，好似将其作为土著特征的同义词：那就是将地方与粗糙、原始和纯当地性相等同。这便犯了严重错误。"

（2）芒福德也不完全同意"回归自然"这个传统地方主义术语。他反对风景画般的抒情倾向，反对那种对景观采取的纯粹欣赏和审美态度。对他来说，地域主义不仅仅是"场所精神"，它的形式还是那种最接近满足生活真实条件的形式，并能够成功地使人们在环境中感受到家的感觉。地域主义反映了该地区文化的现况。此外，生态和可持续发展也是芒福德的地域主义要点。

（3）他虽然考虑生态问题，但他并不像海德格尔那样彻底地反对机器文明，只要机器在功能上是优化合理并且是可持续的，他便赞成使用最先进的机器，这与传统地域主义者不同。

（4）他的地域主义有关社团和社会的定义与传统地方主义完全不同，他的地域主义社会是多元文化的，而传统地方主义的那种与当地密切相关的单一文化、是一种血缘和部落式的联系。

（5）他并没有将"本地"与"世界"，即今日的"地域"与"全球"对立起来看待，他没有将地域主义作为对抗和抵制全球化的思想和方法，他在"地域主义"和"全球主义"之间建立了一种平衡。

2. 地域主义的批判性思想

（1）批判的地域主义并非浪漫和通俗的地方主义。批判的地域主义的诗意在于其通过"陌生性"来进行自我观照。它与浪漫的地方主义有着本质的不同，浪漫的地方主义选择与记忆相联系的地方元素，将其直接使用在新建筑上，以此来创造一种图像景观。浪漫的地方主义试图形成一种人们所熟悉的景观，试图从观众那里获取同情和共鸣，这种手法通常使得意识归复于无感觉的状态，形成一种感情化的地方主义。但是，过度的熟悉性对意识犹如一种毒品，所以浪漫的地方主义并不是健康的、具有生命力的地方主义。弗兰普顿在《展望批判的地域主义》一文中认为有必要区分批判的地域主义和那种仅仅采用符号、象征和抒情性的、浪漫的和通俗性的地方主义形式。批判的地域主义与目前那种大众文化对民间和乡土风情的向往完全不同。混淆这两种地方主义就是将批判的地域主义的抵抗性与大众文化、通俗主义的倾向相混淆。通俗主义使用传播、示范和符号的功能，其目的并不是为了寻求对现实的批判眼光，而是受大众文化的驱使，拜倒在对信息条款直接加以体验的渴望上。因此，通俗主义所使用的那种有限词汇组合技巧，以及使用有限的广告式的形象就不是偶然的，因为通俗主义的目标是在最经济的前提下获得某种预期的满足。

（2）批判的地域主义不是乡土建筑。批判的地域主义并不是用来描述"民居"或乡土建筑的。因为乡土建筑是通过气候、文化、社会和手工艺的结合自发产生的。批判的地域主义是用来描述和识别近年来出现的不同地区的"学派"。这些学派的目的是以批判的态度表达和服务于他们赖以存在和立足的有限区域和民众。这种地域主义依靠地区社会和政治上的自主意识，并将这种意识与建筑专业知识联系起来。批判的地域主义的出现有赖于一种强烈的对自主性认同的追求，一种强烈的对个性的认同，一种对文化、伦理和政治独立的渴望。哲学家保罗·利科(Paul Ricoeur)认为仅有通过当地文化与大同文化之间的互相滋润，杂交的"世界文化"才能出现。他暗示这要看地区文化是否具有重新创造一种能够存在并作为今后发展基础的传统[6]。

（3）批判的地域主义是一种后卫性的建筑策略。毫无疑问，地域主义建筑实践采用的是一种"后卫"式的设计策略。但是，如果建筑持一种"后卫"的态度，在实践上它就必须保持一种批判的态度才可以维持它的存在价值，批判的地域主义采用的正是这种态度。这是一种特殊的态度，它既与启蒙时代以来人们所持有的那种

6 Paul Ricoeur, "Universalization and National Cultures," in *History and Truth*. 转见于 Kenneth Frampton, *Modern Architecture a Critical History* (London: Thames and Hudson, 1992), p.314.

社会不停"进步"的态度保持距离，也与那种被动和不现实的试图回归到前工业时期营建形式的态度保持距离。一种批判性的"后卫"派必须将自己与那种对建筑技术进步持盲目乐观倾向，以及那种经常出现的试图后退到对历史主义的盲目憧憬和那种装饰主义倾向相分离。弗兰普顿认为，只有"后卫派"才有培养一种抵抗性和赋予个性的批判性文化的能力，同时对被认为是普遍和国际化的大同技术给予谨慎和有限的依靠。他认为有必要给"后卫"这个词正名，从而可以将其与它通常联系在一起的"通俗主义"或浪漫煽情的地方主义的保守主义政策的批评范畴中区分出来。

（4）"场所"对"形式"的决定作用。批判的地域主义对世界文化具有抵抗性的主要原因是"场所-形式"这一相辅相成的由场所引发的形式。这种"场所-形式"的抵抗性将批判的地域主义置于一种存在的形而上学的地位，当我们面对现代主义的无场所性，我们就必须像海德格尔那样建立起一种抵抗的建筑。只有这样，营建的形式才有可能抵抗今日特大城市不停变化的过程。因此，有限制的对地方性领域进行探索是进行批判性抵抗活动的绝对先决条件。"场所-形式"这一相辅相成的辩证关系对于批判性的实践操作十分重要。批判的地域主义必然要比采用更为正规和抽象形式的前卫建筑要更多、更自然和直接地与自然有着辩证关系。现代主义将不规则的建筑场址的地形地貌彻底推平是一种技术上的姿态，它提供了现代主义所强调的无场所性的先决条件。而地方主义因形就势设计的建筑适应场址，例如将建筑设计为台阶递落式，这是一种与场所的对话，是一种"培养"场址的态度。

此外，地区的特定文化与它在地理和农业上的历史也被嵌刻进形式中而在作品中表现出来。这种通过将建筑放置在场所中而获得的"嵌刻"有许多意义。因为它有可能将过去的内容，例如场所的史前历史和考古意义上的过去，以及其后来的"休生养息"和在历史长河中的变化通过建筑形式表现出来，从而具有多层次的意味。不同地区的不同形式通常也来自对地区气候的调节对策，从而反映了当地文化的性质，这就是所谓文化与自然，地貌、文脉、气候、光线与建筑结构和构造之间的关系。

（5）思想和方法的基本策略。批判的地域主义思想和方法的基本策略是使用从地方和场所的某种特殊性中非直接衍化而来的要素来对现代主义所强调的同一性和统一性加以弥补，来改善和修复大同文化的影响和冲击。批判的地域主义需要保持一种高度批判性的自我意识，它的源泉和启发是多样的。例如，当地光线的变化和光线质量的特点，或是从一种特定的结构情状中演化来的营造美学法则，或场址的特定地形地貌。除了地貌和光线，建筑自主性的主要原则还来自对营建和结构建构系统的构建，而不在于其诗情画意的图像和景致。这就是说其自主性来自于所揭示的与营建的关系，因此结构的句法构成形式是为了抵抗和平衡地球引力。很明显，如果结构被包裹起来，其形式就不可能存在。今日，建构在材料、工艺和引力间所进行制衡是一种潜在的手法。因此，我们在这里讨论的是营建结构的诗意表现，而不是立面的再表现。批判的地域主义又是一种文化策略。其实践不可避免地要受到两种文化的影响：一种是本地区的当地文化，一种是大同化的世界文化。因此它是两种文化双向修正过程的产物。批判的地域主义首先必须将本地区特殊文化的总体特质"分解"，随后通过矛盾的综合获得对大同文化的一种批判。

3. 批判的地域主义在世界范围的表现

在今日全球化持续加温并对地区和民族文化构成极大威胁的时候，从批判理论角度讲，就必须有意识地培养地域文化，而不能任其自生自长，因为在今日现代化普及和全球化泛滥的时代，自生自长便意味着自生自灭。因此，如何在现(当)代建筑中体现出当地和民族文化特征就成为那些具有悠久历史和文化的地区以及民族的建筑师今日所面临的艰巨任务，成为今日建筑设计和研究领域的一项重要课题。

批判的地域主义的实践反对现代主义那种以西方文化为根基的国际风格，反对以最大限度地获得经济利润的资本主义机器标准和机械生产，反对以消费文化为主的大众文化，反对大同式的世界建筑标准，反对以消费、利润和西方文化征服一切弱势文化的西方现代主义，要求强调对地区的不同性、多元文化、地区的地理、气候和材料的不同性的建筑设计的意义加以重视。批判的地域主义强调地区的地理、气候、材料、色彩以及解决环境问题的方式，强调地方文化的意义并对其采取一种批判的态度。

自 20 世纪六七十年代以来，世界各地进行批判的地域主义实践的建筑师已经成为建筑实践和理论领域不可忽视的一支重要力量，弗兰普顿在《走向批判的地域主义》一文中就已经讨论了阿尔托、博塔、西扎等欧洲建筑师以及日本的安滕忠雄等从地方要素入手所进行的独特建筑实践。在他的《现代建筑——一部批判的历史》的"批判的地域主义"一章中举出丹麦建筑师 J. 伍重 (J. Utzon)、巴西的奥斯卡·尼迈耶 (Oscar Niemeryer)、苏黎世的恩斯特·吉塞 (Ernst Gisel)、米兰的维托里奥·格里高蒂 (Vittorio Gregotti)、奥斯陆的斯韦内·费恩 (Sverne Fehn)、威尼斯的卡洛·斯卡帕 (Carlo Scarpa) 和雅典的阿里斯·康斯坦丁尼迪斯 (Aris Konstantinidis) 作为在世界范围内进行"批判的地域主义"建筑实践的建筑师。

他特别分析了始于 20 世纪 50 年代反对国际主义的西班牙加泰罗尼亚民族主义运动建筑师的建筑实践。该运动一方面试图恢复战前理性主义和反法西斯主义的价值和国际宪章西班牙分支的价值，一方面试图响应现实的地域主义的政治责任。1951 年加泰罗尼亚建筑师波伊加斯 (Bohigas) 发表了《产生一种巴塞罗那建筑的可能性》，从而表明了现代地方建筑文化的复杂性和混杂性原则。巴塞罗那建筑师 J.A. 科德尔奇 (J.A. Coderch)1951 年建成的 8 层高的 ISM 公寓便典型地表现了批判的地域主义策略，它表现出当地地中海风格。最著名的加泰罗尼亚建筑师是里卡多·波菲尔 (Ricardo Bofill)。他在 1964 年的建筑中重新对科德尔奇所采用的地方风格的砖墙使用方式重新进行解释。

地域和民族文化能够适当地调节世界大同文化的影响。文化相互影响和再解释的过程在葡萄牙建筑师西扎那里表现的很突出，他使用阿尔瓦·阿尔托在建筑形式上所采用的拼贴方法，同时采用意大利新理性主义者的类型学手法加以调节。西扎将其作品植根于其给定的地形地貌构型上，植根于更为细致的当地文脉中。他对当地材料、手工艺制品，并对当地那种微妙的具有一种特殊穿透性和过滤性的光线有着特殊的敏感。

瑞士因其位于德、意等国家之间，具有复杂的语言和文化情状，它也具有强烈的国际文化和大都市传统。但其建筑总是表现出十分强烈的地方主义倾向，尤其是在其南部与意大利交界的提契诺地区首先出现了抵抗密斯式国际主义规则的瑞士地域文化，由此产生了以博塔和莱恩哈特为首的提契诺学派。提契诺地域主义始于20世纪30年代。该学派自20世纪五六十年代以来有影响力的建筑师是加洛尼(Carloni)，加洛尼的学生博塔，以及F.莱恩哈特（F.Reinhart）等人的作品是提契诺地域主义的代表。地域和民族文化的力量在于，一方面它能将该地区的艺术能量加以提炼，同时还有同化和重新解释外来文化影响的能力，也有将地域的艺术和批判能力加以浓缩的能力。博塔的建筑设计实践就是这方面的典型。博塔的作品总是着眼于与特殊地方直接相关的问题，同时对外来的理性主义方法加以调节而使用，尤其是他将意大利新理性主义的方法化为己有并加以解释性地使用的实践很有意义。他在类型层面对提契诺景观文化进行了观照、隐喻和解释性地使用。博塔的地域主义表现在两方面：一方面强调"场址营建"，另一方面认为在目前情况下仅能在片断的基础上对历史城市的丧失加以弥补。

为人尊敬的墨西哥建筑师路易斯·巴拉甘(Luis Barragan)同样也强调质感和肌理，而且采用严格的地域主义设计手法。如果不将他所设计的住宅放在那个地域的地质地貌中，人们就不可能体会到它的精髓。巴拉甘总是在寻求一种富有感情的并与大地结合的建筑。他对墨西哥乡下自己家中的乡土建筑和村庄怀有美好的回忆：那里的大地、红土、街道、屋顶、雨和水都对他的建筑设计有着影响。他对第二次世界大战以来的大同文化给予了严厉的批评，但是他的建筑仍保留着很强的现代主义形式[7]。在欧洲，这种对待地域主义的新观点和方法被用来进行批判性的抵抗第二次世界大战以来起主导地位的国际风格和现代主义的建筑状况。但批判的地域主义并不意味着对地域内容不加批判地采用，丹下健三在20世纪50年代末时认为，"我不能接受那种完全的地域主义的概念，传统可以通过对其自身的缺点进行挑战而发展"[8]。这便是一种批判的地域主义的精华和精神之所在。批判性并不必然意味着持有对抗性的态度，它所意味的是自我挑战、自我检查、自我疑问、自我恒量和自我评估，因此它还要有对自己采取批判的精神。批判的地域主义建筑的一个关键特性是它在两个方面具有批判性质：一方面，对世界范围流行的主流文化持批判的态度；另一方面，它也向地域主义自身存在的社区传统提出疑问。

近来更多第三世界建筑师的实践被建筑设计和理

7 Raul Rispa ed., *Barragan, the Complete Works* (New York: Princeton Architectural Press, 2003).

8 参见 Alexander Tzonis and Liane Lefaivre, "Why Critical Regionalism Today?" In Kate Nesbitt, ed., *Theorizing a New Agenda for Architecture* (New York, Princeton Architectural Press, 1996), p.488.

图 7.1　墨西哥建筑师巴拉甘：住宅和工作室 (Luis Barragan, House and Studio，1947)

七、批判的地域主义

图7.2 巴拉甘设计的娄帕斯住宅 (Luis Barragan, Eduardo Prieto Lopez House, 1948)

图7.3 巴拉甘设计的Capuchinas 小教堂 (Luis Barragan, Chapel for the Capuchinas, 1952 –1955)

图7.4 巴拉甘在墨西哥城设计的住宅 (Luis Barragan, House, Mexico City, 1948)

9 Diane Ghirardo, *Architecture after Modernism* (London: Thames and Hudson, 1998), pp. 140-146.
Theories and Manifestoes(Academy Editions, 1997), pp. 97-100.

论界加以介绍，戴安娜·希罗德(Diane Ghirardo)在《现代主义之后的建筑》[9]中的"批判的地域主义"一章中对此作了介绍。当然，今日更为人们所注目的批判的地域主义实践仍然是将现代技术、材料、设计方法和地方要素有机结合的设计。例如澳大利亚的默凯特，以及楚尼斯在他的《批判的地域主义》一书中所列举的日本建筑师隈研吾（Kengo Kuma）、西班牙建筑师圣地亚哥·卡拉特拉瓦（Santiago Calatrava）和香港建筑师张加里（Gary Chang）。又如墨西哥的十人建筑师事务所（TEN Arquitectos），尤其是其中的主要建筑师恩里克·诺尔滕（Enrique Norten）。

图 7.5 诺尔藤等设计的 N 和 R 住宅 (Enrique Norten and Bernardo Gomez-Pimienta, House N and R, 1989)

图 7.6 日本建筑师 Kengo Kuma 设计的 Hiroshige Ando 展览馆 (Kengo Kuma, Hiroshige Ando Museum, Japan, 1998-2000)

4. 批判的地域主义实践在美国

批判的地域主义是一种辩证的表现。它有意识地寻求打破普遍性和大同化等现代主义的价值和形象。但是，彻底解放的地域主义在美国很难生存。因为在美国泛滥的那种自我陶醉的个人主义所产生的通常是嘲讽式的、雇佣式的和自我欣赏的建筑，而非那种有理想的，植根于对当地文化衍化持有敏感态度的，即所谓持有特定性和批判性的态度。弗兰普顿认为，美国的地域主义建筑实践主要发生在西部的加利福尼亚州。其主要代表是 20 世纪 20 年代的现代主义建筑师诺伊特拉，以及稍后在旧金山湾区以 W. 伍斯特 (W. Wuster) 和 H. 哈维尔·哈里斯 (H. Harwell Harris) 为代表的建筑实践。弗兰普顿在他的文章中引述了哈里斯的谈话，哈里斯认为，在当时的美国有两种地域主义，一种是限制性的地域主义，另一种是对限制性地域主义的反动，即"批判的地域主义"。他认为，"反对限制性的地域主义是另一种类型的地域主义，是一种解释性的地域主义。梅贝克 (Maybeck) 好像是为了旧金山而生，帕萨迪纳则似乎是为格林兄弟 (Greene and Greene) 而存在。一个地域可能发展出自己的思想，也可以接受外来思想。这两种情况的出现都需要智慧和想象力。在 20 世纪二三十年代的加利福尼亚州，现代主义遇上了正在发展的地域主义，而在美国东部的新英格兰地区，欧洲现代主义首先碰上了死板教条的限制性的地域主义。这种地域主义先是抵制现代主义，随后是彻底地臣服于现代主义。新英格兰全盘接受了欧洲现代主义,这是因为它自己的地域主义已沦为一堆限制性的教条"[10]。20世纪40年代芒福德试图在美国提倡地域主义来抵抗国际风格的现代主义。他提倡威廉·伍斯特(William Wurster,伯克利加州大学建筑系第一任系主任)发展出的加州湾区风格,称其为现代主义在本地人道的形式。芒福德认为伍斯特的建筑才是远比国际风格更为真正的世界风格,因为它容许地域性的调节和适应。

批判的地域主义建筑实践批判性地对待地方传统,其存在的前提首先是一个地区有其独特的地域传统,其次是该地区的社会文化和思想意识还没有被商品文化、异域文化和主流文化彻底征服,还有独立思考的个人和群体,还有重视地区的地理、气候、地质、材料、色彩、植被、艺术和文化,同时具有现代意识,熟悉现代大同文化和技术的建筑师的存在。以美国为例,其东海岸的知识群体(包括建筑师)就彻底地拜倒在欧洲文化的石榴裙下,而西部和南部的建筑师保持了很强的独立思考的传统,持有批判的地域主义思考方式,重视地域传统的价值,意识到地方性的传统是与其地理、气候和文化紧密联系在一起的。在美国西部的加利福尼亚州,地域主义一直有着很强的传统,现代主义初期的梅贝克、朱丽叶·摩根和格林兄弟,现代主义盛期的诺伊特拉、伍斯特,以及当代的马克·麦克、费诺和盖里等一批被称之为"洛杉矶学派"或"圣莫尼卡学派"的建筑师的部分作品都具有这样的特征。

批判的地域主义由于格外重视当地的地理、地貌,强调场址的特殊性和场所精神,因此,这类建筑通常发生在有着独特物理环境的地方,而且是以住宅居多。这类住宅通常远离城市和人口密集的地区,位于乡村、荒原、森林和山野等自然或地理状况较为特殊的地区。其设计手法主要是根据研究当地乡土建筑的构成方式、特征和典型元素,将现代设计方法、形式特征和材料及构成方式结合当地地理气候和特定的环境条件加以设计。采用这种设计思想和方法的作品通常给人一种强烈的现代乡土气息,以及传统与现代完美结合的感觉。这样的作品根植于当地自然地理环境,与当地的自然环境和人文气质融为一体。此外,这种设计手法还强调乡土和地方建筑中典型的构造方式,并加以使用和表现。这样,传统的构筑和材料使用方式不仅得到延续,而且得到表现,成为形式构成的一部分。哈里斯在讨论加州建筑时

---

[10] 转见于 Kenneth Frampton, *Modern Architecture a Critical History* (London: Thames and Hudson, 1992), p.320.

七、批判的地域主义

认为加利福尼亚的现代建筑应该属于当代的，同时又是本土的，它应该植根于梅贝克、格林兄弟和手工艺运动中建筑师的建筑实践[11]。

将乡土建筑和地方建筑转化为一种美学，自现代社会以来，一直吸引着建筑师。现代和后现代都做过这方面的努力。现代主义有时强调乡土建筑的纯粹形式，后现代主义强调的是它的装饰性和图案形象特征。加州建筑师费纳尔和哈特曼 (Fernall and Hartman) 则拒绝采用上述两种将乡土建筑视作美学对象的思想，而是将其作为一种设计策略。费纳尔将自己的设计方式与爵士乐创作相比较。这种方法是从一个想法开始，然后即兴创作，在创作中需要认识到每个步骤均不会是圆满和充分的，随创作的发展，再回过头来对其逐步修改。他认为这种对待设计的态度在今日是如此的适宜和贴切，因为建筑是一种偶然的艺术，而乡土艺术正表现了这种偶然性。乡土艺术显示了这种"偶然"的状况可以成为设计中有意义和有趣味的内容，从而不至使建筑师感到失望和受

11 John A. Loomis, House on the Hill, *San Francisco Chronicle*, July 17, 2004.

图 7.7 费纳尔和哈特曼设计的 Berggruen 住宅 (Fernau & Hartman Architects, Berggruen House, California)

到挫折。他在乡土建筑和现代哲学思维中看到两者之间的联系,他说:"乡土建筑有着经验主义的根源,它是由事实、真实的事物形成的思维框架"[12]。他将乡土建筑看作是一种"情景道德"(situational ethics) 的形式,在这种情景中,每一个行动,无论是一种道德行为,还是一种建筑活动(行为)均在它的文脉和情景中,按照它的情景来进行判断。他认为乡土思维与现代主义思维的区别不在于他们处理问题的手段与方式,而在于抽象的程度。乡土建筑将一种现代情感施加在形象化的、诗情画意的构件上。

费纳尔的住宅作品不少,而且大都具有批判的地域主义建筑特点。例如汤普金斯-米勒住宅(Tompkins/Miller House,)试图探索作为一种进化过程的建筑。他希望设计的建筑具有简单、谦逊、不装腔作势、不摆架子。

12 *Progressive Architecture*, August 1991.

图 7.8 费纳尔和哈特曼设计的合作住宅 (Fernau & Hartman Architects, Collective Housing, Mendocino, CA)

其重点集中在如何将建筑与其所坐落的乡村场址和场景相适合。这座建筑使人想起数代住于其中的乡间老宅，每一代都对其精心修缮。这件作品的成功之处在于它不自命不凡，不矫揉造作，不故弄玄虚。他说，"建筑太重要了，因此没有办法在建筑中强调自我，唯我独尊"。他所设计的雷布内住宅（Lay Bourne House, 1992年）的布局犹如营地，好似"即兴创作"。由于建筑场址是原来的采矿区，因此建筑采用片断和临时的建筑要素，并采用随机组合和直率地暴露等手段来适合场址，表现矿井和其简单、随意的附属建筑形式。建筑的最终形式还具有一种图像化的象征形式语言，同时明显具有现代建筑特征。建筑平面大体上可以分为两组，松散地围在那犹如"宿营地"心脏的烧烤架和平台周围。冯·斯登住宅（Von Stein House, 1993年）位于加利福尼亚州风景如画的葡萄酒产地索诺玛县的月亮谷。住宅依山就势可眺望南面的葡萄园和东部的自然风景区。房主是现代主义的拥戴者，但他们要求建筑必须与地势和北加州地区的情景、环境和特殊场所精神相协调。

虽然进行批判性思考的地域主义实践的建筑师有不少，但是弗兰普顿在20多年前写《展望批判的地域主义》一文中认为当时仅有两三位美国建筑师在从事"批判的地域主义"的设计实践，其中之一是当时任教于伯克利加州大学建筑系的马克·麦克。弗氏认为马克·麦克的建筑对场址和地形的特殊性十分重视。马克·麦克的建筑和设计思想的确表现出强烈的"批判的地域主义"色彩。他生于维也纳，1973年毕业于维也纳艺术学院。毕业后前往纽约，1976年来到旧金山与一批青年建筑师成立了"西部分支"（Western Addtion）的组织。1978年创办了才华横溢但又短命的《建筑原形》（Archtype）杂志。在1978年出版的《十座加利福尼亚住宅》[13]一书中，他讲述了自己的住宅设计思想。他认为设计有两个关键：一个是场所精神，另一个是有关建筑的思想，因此重要的是如何处理自然与人造形式间的关系。他自己则试图用仪式性和古风的建筑形式来表达人类的建筑智慧。在1978-1984年间，马克·麦克开创了自己有关建筑和场所的哲学并进行此方面的实验性探索，人们将他的理论和实践称为"新原始主义"（New-primitivism）。什么是新原始主义呢？马克·麦克将其定义为：重新发现和使用历史的、古风的和原始的类型要素，将其转化、改造和

13 Mark Mack, *10 California Houses* (San Francisco: Pamphlet Architecture, 1978).

图7.9 马克事务所设计的Stremmel住宅(Mack Architects, Stremmel House, Reno, NV)

移植到场址上,并与顾主的特殊需要结合起来。将不同信仰结合起来去构成人们可以接受的框架。采用这种设计哲学就可以创造一种具有乡间特征的建筑景观。他还认为建筑所要追求的是其社会和文化内涵,以及具有典型、示范意义的功能,如果再结合作为道德和审美观点的所谓独特的"建筑希望",建筑就可成为社会和个人思想的载体。他说,为了将这些有时看来是对立的事物结合起来,就有必要关注那些中间、边界内的而非边界上的和边界外的事物。不要去寻找现代建筑的那种"万能"和千篇一律的普遍原则,而要去寻找在不同条件下的典型事物和特征。他认为如果建筑师用单纯、质朴、简单明了和直截了当的方式强调建筑问题,就有可能获得一种多用途的而又具有永恒精神的建筑。

马克·麦克通过"新原始主义"强调了地方和区域建筑的历史、气候、场所和顾主需求的重要性,他特别强调建筑的基本构造要素(architectonic elements)在形式构成上的作用和意义。他认为某些要素例如柱子、屋顶、墙与建筑的物质形体直接相关,它们具有抵抗引力的作用；另一些要素如门、窗和楼梯等则与人类知觉的仪式领域有关，它们在人们对建筑发生感觉交融时起着重要的作用。他对材料的使用是与营建构筑工艺直接联系的，营造工艺体现了材料的自然特质和肌理对比上的美感，而材料的选择也得以表现建筑的工艺。他说，"我试图直截了当的解决建筑问题，这是我的基本道德准则，利用构筑方式和材料的相互作用在建筑传统和建筑创造之间达到一种平衡。"他认为，奥地利建筑师路斯并没有将建筑看作纯粹艺术风格的或社会和文化的现象，而是将其看作思想、观点、类型和建筑构造相互联系的一种不断发展过程，这才是较全面的观点。他又认为，人们可以从阿斯普伦德（Asplund）、莱韦伦茨（Lewerentz）、普莱尼克（Pleenik）和德尔加特（Dollgart）等欧洲建筑师在1918—1950年间设计的建筑中看到古典的、现代的、地方性的、区域性的和工程方面的思想是那样平和地共处着。这是因为他们的建筑是从对永恒、平静和协调的深切信念中萌发出来的。

马克·麦克总结了他在解决建筑问题时考虑的5个基本问题，对他的"新原始主义"方法进行了概括：

（1）纲领是与社会、文化和个人有关的框架，该框架得以引发不同的建筑思想。

图7.10 马克·麦克设计的**格哈特住宅**(Mark Mack, Gerardt Residence，Sausalito, CA)

(2) 场址在远近环境和建筑思想之间建立了联系。

(3) 公共和私密性在正式和非正式的规则和等级之间建立了联系。

(4) 室和空间不仅是一种个人的表现,而且是各种活动功能的和经久性联系的一个背景。普遍性和生发性的室和空间比之于特殊的室和空间更为重要。

(5) 营造是一种黏结剂,它可以调和并表现在引力、建筑思想、希望以及感觉之间存在的冲突。

马克·麦克大胆地使用建筑色彩,尤其是使用原色。例如,惠特尼住宅(Whitney House)使用黄和蓝灰两色,强烈的黄色与周围浓密的绿色植物形成对比;鲍姆住宅(Baum Residence)的主题是红、黄和蓝灰色;塞马斯住宅(Summers Residence)的基调是红和灰色;格哈特住宅(Gerhardt Residence)用的是蓝灰色。所有这些颜色都赋予他的建筑以极为醒目的色彩特征,尤其是那些位于加州的住宅与当地的地理(地表和环境色彩)气候条件十分相宜。他对色彩的使用受墨西哥建筑师巴拉甘的影响,实际上马克·麦克的新原始主义建筑从场址到材料、颜色的使用都受到巴拉甘的影响。他常使用红、黄、蓝、绿色和色度不同的棕色,创造了一种具有现代感的室内气氛。他说,"对我来说,色彩具有'乐观'的性质,借助于它,建筑师可以在一个较为轻松和情绪化的状态中来组织建筑的意向。我试图以一种富有个性的、轻松、随便和非教条的手法来使用元素和色彩"[14]。马克·麦克受到的是欧洲建筑训练,具有欧洲建筑师的艺术知识和修养,又有对美国地方建筑传统的体会。他将两者结合起来形成朴实、诚实的建筑思想和直截了当的设计手法。他大胆地使用色彩和材料,关注地方民间建筑类型和建筑场址的精神而与现象学思想方法建立了联系。他的作品试图打破纯意识形态的走向,他不从教义出发,不去追赶或肯定某种时髦建筑潮流,而试图多层面地和具有启发性地探索建筑。他所追求的是对新与旧、传统与创新及道德与意识形态的一种建设性对话。希罗德在《现代主义之后的建筑》的"批判的地域主义"一章中用较大的篇幅讨论了马克·麦克的现代主义的地域和乡土风格的建筑设计。

今日进行批判的地域主义实践的美国建筑师已经成为建筑设计中一支十分活跃、重要和有影响力的队伍。比之于 20 世纪 70 年代的两三人,实力要雄厚得多。这

14 San Francisco Museum of Modern Art, *Architectural and Design Journal*, Vol. 111, (October, 1993).

七、批判的地域主义

自然与楚尼斯和弗兰普顿将批判的地域主义理论化并为其正名有关,更主要的是多元文化对西方文化和现代主义的主导地位进行了有力的挑战。从此,非西方文化、乡土和地域文化的重要性为人们所认同。20世纪八九十年代,安托万·普里多克(Antoine Predock)是另一位进行地域主义实践的有影响的美国建筑师。普里多克在其早期建筑生涯中认真学习和研究美国西南部的材料和气候,他设计的土坯建筑唤起了人们有关亚利桑那和新墨西哥州的沙漠景观。在这种贫瘠和荒凉的环境中,他的建筑创造了一种粗犷和坚强的防御性形象。虽然普利多克的建筑实践发生在世界许多地方,是国际化的,但是他的思想和设计的根源来自于美国的西南部。他的建筑采集的是地方性的原始力量,其大部分住宅设计主要采集的是沙漠和荒原的那种单一的地形和地貌、

图7.11 普里多克设计的富勒住宅(Antoine Predock, Fuller House, Scottsdale, AZ, 1984—1987)

稀疏的植被和蓝天等要素。他的建筑"唤起了那种植根于地区文化和形式中的神秘性质"[15]。例如，他在亚利桑那州设计的富勒住宅就具有代表意义。

当今，在美国采用乡土和地方建筑和批判的地域主义建筑思想进行建筑设计和思考的建筑师较为成功的还有，得克萨斯州的雷克和费莱托建筑师事务所(Lake/Flato Architects)。他们的卡拉罗住宅(Carraro House,1991年)采用了简单的现代材料和极为简洁的形式，它既像德州的农舍，又是抽象和现代的。该作品获得1992年的AIA奖。密西西比建筑师默克比-考克事务所(Mock Bee–CokerArchitects)设计的库克住宅(Cook House)合成当地农舍、畜棚和草料屋的形式，两坡屋顶也是从当地的建筑形式中获得的。该住宅使用简单建筑材料，如金属板条组装屋顶、混凝土砌块，从而构成雕塑般的具有现代感的简洁几何形体[16]。

今日，批判的地域主义实践和理论思想已经十分成熟，从而成为世界建筑设计领域中主要的和不可或缺的主流建筑思想和实践。

[15] Brad Collins, *Antoine Predock Houses* (New York: Rizzoli, 2000).

[16] Josep Lluis Sert and Sofia Cheviakoff eds., *Lake/Flato* (Gloucester: Rockport Publisher, 1998).

八、现象学：知觉和体验的建筑

有关建筑现象学研究较早开展于人文地理学对环境和人地关系的研究。在人文地理研究中，一批学者在地理学科中开辟出人地和环境的新领域，他们的研究逐渐将人文地理的领域开展到人文环境、区域和城市规划、景观乃至建筑领域。在这个领域有一些较重要的著作，如爱德华·瑞尔夫 (Edward Relph) 的《场所和无场所性》[1]，段义孚 (Yi-Fu Tuan) 的《恋地情结：对环境感知、态度和价值观的研究》[2] 和《场所与空间》[3]，以及瑞尔夫的论文《有关现象学与地理学关系之探究》[4]，段义孚的论文《地理学、现象学和人类性质的研究》[5]。地理和环境领域中现象学研究主要讨论人类的（地理）经验与"存在于世"(being-in-the-World) 的关系，有关人文地理学中现象学讨论的概要可见瑞尔夫的《地理经验和存在于世：地理学的现象学根源》[6]。

在将人文地理和环境研究中的现象学方法引进建筑研究的过程中，大卫·西蒙 (David Seamon) 起到了一定的作用。西蒙是堪萨斯州立大学建筑系教授，还是《环境和建筑现象学通讯》的主编。早年他曾受过系统的行为地理和环境心理的教育和训练，后转向建筑，尤其致力于建筑和环境现象学的研究。他主编的两部著作，第一部是与人合著的《住所、场所和环境》[7]。该著作 1985 年由荷兰海牙现象学会马丁努斯·尼基霍夫 (Martinus Nijhoff) 出版公司出版。1989 年由哥伦比亚大学出版社再版。在这部著作中体现了西蒙所具有的地理、环境研究、环境心理和行为，以及建筑知识。该著作主要分为地理和环境、环境和场所、场所和住所等几部分。

[1] E. Relph, *Place and Placelessness* (London: Pion, 1976).

[2] Yi-Fu Tuan, *Topophilia: A Study of Envrionment Perception* (Prentic-Hall, 1974).

[3] Yi-Fu Tuan, *Space and Place* (London: Edward Arnold, 1977).

[4] E. Relph, "An Enquiring into the Relations Between Phenomenology and Geograhy," *Canadian Geographer* 14, pp.193-194.

[5] Yi-Fu Tuan, "Geograph, Phenomenology and the Study of Human Nature," *Candian Geographer*.

[6] E. Relph, "Geographical Experiences and being-in-the-world: The Phenomenological Origins of Geography" in D. Seamon and R. Mugerauer eds., *Dwelling, Place and Enviornment*(NY: Columbia University Press, 1989).

[7] D. Seamon and R. Mugeraure eds., *Dwelling, Place & Enviornment* (NY: Columbia University Press, 1989).

分别邀请采用现象学思想的地理学家、哲学家、心理学家和建筑理论研究者进行论述。由于这些不同学科的作者考虑着同样的问题：环境、场所和人，采用着同样的哲学方法，整部著作较为全面地展现了现象学在讨论人类"生活世界"的重要意义。

20世纪80年代末，西蒙短期访问了伯克利加州大学并在该大学的环境设计研究中心主持的"人与环境理论系列"发表了《建筑、经验和现象学：走向重新调和秩序和自由》[8]。其后，他又邀请几位建筑、地理和环境研究工作者编集了《居住、观察和设计：走向现象学的生态学》[9]一书，1993年由纽约州立大学出版。此外，西蒙还发表了《现象学对环境心理的贡献》、《现象学和民间生活世界》、《现象学会环境行为研究》和《环境设计中的解释学和现象学进展》[10]等论文。

瑞尔夫、段义孚以至西蒙等人的研究采用现象学讨论人、环境等与建筑有关的问题，但他们主要是将文化地理作为研究对象，故而显得相对宏大和空洞。

比西蒙起步更早，对建筑现象学研究远为深刻、透彻的是克里斯蒂安·诺伯格-舒尔兹（Christian Norberg-Schulz）。他在建筑理论领域较为完整、系统、深刻地讨论建筑现象学的著作是1980年出版的《场所精神——走向建筑的现象学》[11]。该书是他一系列著作中的一部，该系列著作包括《建筑的意向》、《存在·建筑·空间》和《居住的概念》。这几部著作虽然各自独立，其思想却有着连贯性。尤其是《存在·建筑·空间》、《场所精神》和《居住的概念》这三部著作。第一部受存在主义哲学影响，后两部则受到海德格尔哲学（存在主义现象学）对"在"的探究的强烈影响。

此外，美国城市理论家凯文·林奇自20世纪70年代就开始重视环境对直接感觉的影响。他的所谓直接感觉是通过眼、耳、鼻和肌肤来感受的。感官质量是对于一个场所的视、听、闻和感觉。他认为这种质量的社会重要性经常被忽视和否定。他进而认为环境的经验特性必须在区域尺度上进行[12]。

从20世纪80年代末到90年代初，上述现象学建筑理论的讨论开始在建筑设计理论和设计实践中有了进展。这是建筑现象学成熟并成为一种系统和有影响的建筑理论的标志。该领域的代表是哥伦比亚大学建筑系教授斯蒂文·霍尔。1989年霍尔代作品集《锚固》

---

8 D. Seamon, *Architecture, Experience, and Phenomenology: Toward Reconciling Order and Freedom* (Paper No.2 Person-Environment Theory Series ed. by R. Ellis. Berkeley: *Ceter for Envionmental Design Research*, University of California, Berkeley, 1990).

9 D. Seamon ed., *Dwelling, Seeing and Design: Toward A Phenomenological Ecology* (Albany: State University of New York Press, 1993).

10 D. Seamon, The Phenomenological Contribution to Enviromental Psychology, *Journal of Environmental Psychology*, Vol. 2(1982).

D. Seamon, Phenomenology and Vernacular Lifeworlds. in D. G. Saile ed., *Architecture in Cultural Change*(Kansas: School of Architecture, Univerisity of Kansas, 1986).

D. Seamon, Humanistic and Phenomenological Advances in Environmental Design, *The Humanistic Psychologist*, 17.1989.

11 C. Norberg-Schulz, *Genius Loci: Toward A Phenomenology of Architecture* (New York: Rizzoli, 1980).

12 Kevin Lynch, *Managing the Sense of a Region* (Cambridge, MIT Press, 1991).

(Anchoring)[13] 出版，在该作品集的序论中霍尔阐述了他在建筑设计中采用的现象学思想。1994 年他与 J. 帕拉斯玛 (J. Pallasmaa) 和 A. 佩雷斯-戈麦斯 (A. Perez-Gomez) 合著的《知觉的问题——建筑的现象学》[14] 由日本的《A+U》作为特集出版。在书中霍尔系统地阐述了对建筑的知觉领域——即建筑的现象问题，并用自己作品作为补充，从而思想与设计实践融合在一起。

现象学 (Phenomenolgy) 原词来自希腊文，意为研究外观、表象、表面迹象或现象的学科。与现象学运动有关的哲学家前前后后不少，最重要的则是埃德蒙德·胡塞尔 (Edmund Husserl)、马丁·海德格尔 (Martin Heidegger) 和莫里斯·梅洛-庞蒂 (Maurice Merleau-Ponty)。

19-20 世纪德国哲学家、现象学之父胡塞尔，将意识放在哲学思考的中心并发展了一种方法，用这种方法可以同时展示思想的结构和内容。这种方法是一种纯粹的"描述性"方法，而非理论性的，也就是说它描述世界是以何种方式的意识揭示自己的，而不借助科学和哲学的任何理论建构。胡塞尔认为，使用这种方法可以将纯粹的世界展现在人们面前。他称这种世界为"自然"的（或真实的）出发点，也就是未被哲学和科学侵蚀、影响的人们所经历的"日常生活世界"(Lived World)。这个"自然出发点之世界"(World of Natural Standpoint) 是科学和哲学的开端，任何其他世界均根植于其中，建立其上，但无法代替或损害它。对人类来说，最终仅有自然出发点的生活世界是真实可靠的。

海德格尔考虑的问题与胡塞尔不同。胡塞尔的现象学还原是为了重新发现事物的某些特征。海德格尔则感兴趣将现象学还原方法用在更为深刻的问题，即存在自身上。

1930 年，现象学中心从德国逐渐转移的法国。法国现象学派的代表人物是梅洛-庞蒂，他的主要著作是《知觉现象学》。对梅洛-庞蒂来说，现象学观照首先在于试图观察和描述所经验到的世界，在观察和描述过程中应不带入任何科学的解释和加减，不带入任何哲学的偏见。其次，现象学观照在于试图说明人们与现象的接触，尤其是将观照转向世界，以及该世界在其中呈现出来的人们的心智这个受体（即人的心智成为世界的受体）之间的关系。知觉在梅氏的哲学中占有最重要的地位。梅氏认为知觉是构成知识的最基本层次，因此对知觉的研究

13 Steven Holl, *Anchoring* (New York: Princeton Architectural Press, 1989, 1991). pp.9-12.

14 Steven Holl, J. Pallasmass and A. Perez-Gormez, Questions of Percetion —Phenomenlogy of Architecture, *Architecture and Urbanism*, July 1994. Special Issue.

必须位于其他层面，例如文化，尤其是科学之上。

梅洛-庞蒂的知觉现象学试图探寻呈现在人们面前，在科学解释之前世界的经验的基本层次。知觉是人们得以接近这个层次的特殊功能。因此，现象学的主要任务就是尽可能具体实在地去观察和描述世界是如何将自己展现在知觉面前的。这样，梅氏知觉现象学实际上是感知世界的现象学，而非主动感知的现象学。在《知觉现象学》的导言中，梅氏提示人们需要回到"被感知的生活世界的现象"(the Phenomena of the Perceived Life World)。梅氏认为阻碍这种回归的是两种"传统的偏见"：一种是"经验主义"(Empiricism)，另一种是"唯理智论"(intellectualism)[15]。

建筑现象学研究的各家虽然侧重不同，但从其思想取向上来看，大体可以分为两种：一种是采用海德格尔的存在主义现象学，另一种是采用梅洛-庞蒂的知觉现象学。前一领域的主要代表是诺伯格-舒尔兹，主要是纯学术理论研究；后一领域的主要代表是斯蒂文·霍尔，他侧重于建筑设计理论和实践。从表面上看，这两种建筑现象学走向并没有涉及胡塞尔，其实不然。因为无论是海德格尔，还是梅洛-庞蒂的现象学都以胡塞尔现象学的基本思想方法，即"还原"(Reduction)为基石。胡塞尔的"还原"的意义是通过有条理的过程，人们可以将自己置于"先验范畴"(transcendetal spher)之内。在这个范畴内，人们可以排除任何偏见，按照事物的本来面目来观察感受它们，也就是说转变一种态度、一种观察事物的观点。按照现象学家J.J.科克尔曼斯(J.J. Kockelmans)的说法，胡塞尔的现象学还原(Phenomenological Reduction)包括以下三部分：

（1）现象学还原在严格意义上被称作一种对"存在""加括号"的步骤。

（2）从文化的世界还原到人们直接经验的世界。

（3）先验还原引导人们从现象世界的"我"到"先验的主体性"。

在现象学的后来发展中，尤其是海德格尔和梅洛-庞蒂的著作中第（1）条和第（3）条都没有被采用，因此第（2）条是"还原"的本质，是核心[16]。胡塞尔为"还原"作了直截了当的解释："还原"意味着"回到事物自身"[17]。对胡塞尔来说"还原"是防止各种解释、假设和现象自身不定性的方法。"还原"通过不断地对越来越多的事物加上"括号"而达到一个极高的抽象层次,从而获得世界和存在的自然本质。

胡塞尔现象学对建筑研究最具启发意义的是,它立足于人类生活中最基本和最本质的日常"生活世界"上,抛弃一切科学、哲学的"成见"和"偏见",将意识集中在纯粹现象和人们在生活中直接感受和经验的事物上,从而把握住事物的本质。在建筑研究中将现象学思想转化为具体的建筑探讨,较为突出的有两个领域:一个领域是"场所"和"场所精神",另一个领域是建筑和空间知觉。下面分别就这两个领域的主要成果和进展进行探讨。

1. 建筑的场所与真实的生活世界[18]

1.1 诺伯格-舒尔兹的"场所"和"场所精神"理论

现象学的抛弃科学和哲学"成见"、"回到事物自身"的思想在诺伯格-舒尔兹的建筑现象学中就是认为讨论建筑应该回到"场所",从"场所精神"中获得建筑最为根本的经验。他认为场所不是抽象的地点,而是由具体事物组成的整体,事物的集合决定了环境特征。"场所"是质量上的"整体"环境,人们不应将整体场所简化为所谓的空间关系、功能、结构组织和系统等各种抽象的分析范畴。这些空间关系、功能分析和组织结构均非事物的本质。用这些简化还原方法将会失去场所和环境的可见、实在和具体的性质。诺伯格-舒尔兹认为,日常生活经验告诉人们不同的活动需要不同的环境和场所以利于该种活动的发生,因此住宅和城镇是由多种特殊的场所构成的。虽然当代规划和建筑理论也考虑这些问题,但却是以数量、功能等抽象态度来对待的;是以科学的"成见"和概念化的"偏见"来对待生活世界的,它们距离"事物自身"很远。他提出这样的问题:"难道各种功能在普天下都是相同的吗?是否所有的人都具有相同的功能?"他的答案是否定的,因为即使是人类最基本的功能——吃睡都有不同的方式,因此从功能角度出发就抛弃了最基本、最具体的具有特性的"此在"场所。他认为不能以分析和科学的概念对待在质上具有整体特质的、十分复杂的场所。因为科学原则是对给定事物进行抽象而获得中性"客观"的知识,正是在此过程中日常"生活世界"失去了其丰富多彩和真实性。人们的

18 C. Norberg-Schulz, *Genius Loci: Toward A Phenomenology of Architecture* (New York: Rizzoli, 1980).

生活世界由具体的现象组成，它是由人、动物、花草树木、水、城市、街道、住宅、门窗和家具组成。它包括日月星辰、流云、昼与夜、四季与感觉，这才是建筑师真正应该关心的。诺伯格-舒尔兹认为现象学正是解决此问题的根本方法，因为现象学要求"回归事物自身"，反对心智构造。

诺伯格-舒尔兹的建筑现象学的形成是有发展过程的。在其早期著作《建筑的意向》一书中，他采用科学的方法来分析建筑和艺术。但自20世纪80年代中期以来，他认为如果仅仅采用科学分析方法对待建筑，人们便会失去对具体环境特征的把握。环境特征是人们得以认同的对象，它赋予人们生存和立足的感觉。为克服《建筑的意向》中的缺陷，他在《存在·空间·建筑》一书中引进了"存在空间"的概念。"存在空间"不是数学和逻辑空间，而是人与其环境过程的基本关系。《场所精神》一书沿同一方向做了进一步探讨。对诺伯格-舒尔兹来说建筑就是"存在空间"的具体化，具体地说可以进一步用"集合"(gathering)与"事物"(thing)这两个概念来解释。海德格尔说："事物集合了世界"诺伯格-舒尔兹称海德格尔的哲学是《场所精神》一书得以成型的原因，并认为海德格尔的"定居"(dwelling)概念十分重要，它与"存在的立足点"(existential foothold)的意义相同。从"存在"的意义上讲"定居"是建筑的目的。当人能够在环境中定向，并与某个环境认同时，他就有了存在的立足点，也就得以定居了。换句话说，就是当人经验到场所和环境的意义时，他就定居了。"居"并不仅仅意味着遮蔽物，它还意味着生活发生的空间，也就是场所，场所是具有特征的空间。诺伯格-舒尔兹认为从古代起，"场所精神"就被人们当作具体的现实并与自己的日常生活息息相关。由于建筑将"场所精神"视觉化，建筑师的任务就是去创造富有意义的场所，由此帮助人们定居。

诺伯格-舒尔兹认为他的《场所精神》是走向建筑现象学的第一步。什么是"建筑现象学"？诺伯格-舒尔兹将其定义为"将建筑放在具体、实在和存在领域加以理解的理论"。他认为建筑界经过几十年抽象的"科学"理论讨论后，现在有必要回到以质的现象学方式来理解建筑。如果不理解这一点，就无法真正解决建筑设计的实践问题。他认为"存在的范畴"不由社会经济决定，存在的意义具有更深的根源，它由人们"存在于世"的结构决定。海德格尔在他的经典著作《存在与时间》中讨论了"存在于世"的概念。在《筑·居·思》[19]中，他进一步将基本的存在结构与建筑和定居的功能联系起来。存在的范畴也表现在历史的情景中。诺伯格-舒尔兹批评现代主义建筑师将存在的范畴抛弃了。

19 M. Heidegger, "Building, Dwelling, Thinking," in *Poetry, Lanuage Thought* (NY: Harper and Row, 1971).

为了充分研究场所的现象，诺伯格-舒尔兹从场所的结构和场所的精神两方面对场所进行讨论。他认为应该从景观和聚落两方面来描述场所的结构。景观和聚落可以用"空间"和"特性"的范畴来描述。空间是对构成场所的要素进行三维的组织，而"特性"则描述该场所普遍的"气氛"。气氛是任何场所最为广泛、综合和全面的特征。

建筑理论中的空间意义很多，人们经常使用的有两种：一种意义是作为三维的几何空间，另一种意义是作为知觉的空间。诺伯格-舒尔兹对这两种使用方式均不满意，因为它们都是从日常经验的、整体的三维空间中抽象出来的。而真实、具体的人类行为不可能发生在抽象、无特性和同质的空间中，而是发生在有特性的空间中的。抽象几何模式的组织方式是较晚发生的，它可以用来更为精确地定义基本的拓扑结构。

"特性"是普遍、具体的概念。一方面它意味着更为普遍、综合、全面和整体的气氛；另一方面是具体、实在的形式以及限定空间元素的实质。诺伯格-舒尔兹认为应该对"墙"加以注意，因为墙决定了城市环境的特征。他说："我们要感谢文丘里，他是第一个认识到这一点的建筑师。现代主义统治了几十年的建筑论坛认为讨论立面是不道德的。通常一组构成某一场所的建筑具有某种相同性，其特征可以归纳为富有特性的某种'母体'，例如某种类型的门窗或屋顶，这种母体也许成为传统元素。在界限上，特征和空间合二为一。我们同意文丘里将建筑定义为内外之间的墙。除文丘里外没有别人讨论特征。其结果是建筑与真实的生活世界彻底地脱了钩。"[20]

20 C. Norberg-Schulz, *Genius Loci: Toward A Phenomenology of Architecture* (New York: Rizzoli, 1980), pp.14-15.

诺伯格-舒尔兹认为建筑的存在目的就是使得"场地"(site)成为"场所"(place)，也就是从特定的环境中揭示出潜在的意义。场所的结果并非固定、永恒的，场所是变化的，有时甚至很快。但是，这并不意味场所精神也跟着变化甚或失去。场所的固定性和连续性是人类生活(存)的一个必要条件。"场所"和功能变化的关系如何呢？首先，场所具有接受"异质"内容的能力，一个仅能适合一种特殊目的的场所很快就会成为无用的。其次，一个场所可以以多种方式来解释。因此，保护和保存场所精神意味着在某种新的历史阶段中将场所和本质具体化。场所的历史是自我实现的，因此场所具有不同程度的不变性。

场所精神是古罗马的概念，古罗马人认为每个"存在"均具有其精神，这种精神赋予人与场所以生命，它伴随着人与场所的整个生命旅程。古时人们经验到他们赖以生活的环境是有特征的，尤其意识到人所生活的地方的精神具有十分重要的存在意义。传统的"生存"依赖与场所具有良好的物理和心理关系。

诺伯格-舒尔兹认为现代旅游业证明体验不同的场所是人类的一项兴趣。但事实上在现代社会中，人们信奉科学和技术，认为它们可以将人类从对场所的依赖中解放出来。不过目前的现实是这种对科学技术的信仰不过是一种幻想。当代环境的混乱和污染突然成为令人恐惧的事情，其结果是场所的问题重新获得人们的重视。

诺伯格-舒尔兹的建筑现象学主要受海德格尔哲学的启发，尤其是海德格尔《筑·居·思》那篇文章的影响。在《筑·居·思》中海德格尔说明了"地点"(Location)的重要性。他说："空间从地点中获得它的存在，又说"人与地点的关系以及通过地点与空间的关系均包含在人的住所中。明确地说，人与空间的关系就是定居关系。"这样，在海德格尔眼中，人在世存在的关键就是定居，就是要有"家"这个住所。而定居的关键在于地点而非空间。地点和其相连的"场所"在人定居活动中就是最重要的。诺伯格-舒尔兹对场所的重视借鉴了海德格尔的哲学思想，他在《场所精神》中一直在寻求被现代主义冷落，被人们遗忘的"场所"概念，将"场所"的重要性置于"空间"之上，也就是置于建筑研究的首要位置。

1.2 杜维有关"生活空间"和"几何空间"的论述[21]

金伯利·杜维(kimberley Dovey)任教于澳大利亚墨尔本大学，她在西蒙两部书中各有一篇文章，其中之一是《将几何放在应有的位置：走向设计过程的现象学》。早在伯克利加州大学做博士生时，她的兴趣就在现象学上，她的博士论文是有关场所的。在上述论文中，她

---

21 K. D. Dovey, "Putting Geometry in its Place: Toward a Phenomenology of the Design Process," in D. Seamon ed., *Dwelling, Seeing and Design: Toward A Phenomenological Ecology* (Albany: State University of New York Press, 1993).

认为将现象学应用在物理环境上是一种对"日常经验到"的环境进行严格的探究、调查和描述的学科。她认为,以现象学方法进行环境研究最重要的是区分出"生活空间"(lived space)和"几何空间模式"(geometric models),以此为基础进而区分出"作为几何的空间"和"作为经验的空间"。现象学强调"日常经验的生活世界"是第一位的。"生活世界"是人们对前科学世界的经验,是人们在学会将自己与世界分离前和将世界看作一种分离的客观存在之前对世界的一种经验。因此,海德格尔认为没有一种"在"是与"世界"分离的,所有的"在"都是"存在于世"的。

对杜维来说,"几何空间"是抽象精确的,是被衡量过的空间,而"社会空间"则是具体实在的日常生活的经验空间。在几何空间的发展过程中,柏拉图首先认为几何应是有关空间的科学,通过欧几里德,几何空间发展为一种理解世界的模式。这种模式强而有力,以至于人们认为必须依靠使用几何方式来表现世界的真正组成方式,从而多样的日常经验就以不同的精确程度与几何空间联系起来。现象学则认为几何空间虽可能具有强有力的预测能力,但并不对世界和空间具有更高的垄断权,也不意味着对真理有更高的垄断权。生活世界才是最基本和本质的,是第一位的空间模式。几何空间是从生活世界中抽象得来的。"存在于世"是定位于"生活空间",而非"几何空间"中的,从而"生活空间"就具有一种本体论的重要性。在"生活空间"中人们得以体验到人类真实的生活,经验和体会到场所的真实意义。由此改变了那种传统科学概念,即改变了那种认为既然几何空间构成了绝对的现实,因此可以用做一种认识工具的观念。

杜维认为,空间经验根据实际的接触和可接近的程度而分为首要的和次要的区域。坐在桌前,人们可以感受到坐椅,可以闻到瓶中的花香,享受日光,可以去屋外的花园,这是人们直接接触的基本世界,在此之外的是第二世界。生活空间是无限复杂的,就如同生活自身一样,它由社会和文化限定,坐椅、花园、住房……均是社会文化的产物,人与物理环境的所有接触均发生在一个社会、政治和经济内容中。相反,几何空间清除了所有社会和文化意义的概念,几何空间的精确性和可预测性是由失去获得生活经验来换取的。几何空间是对取消了价值取向的地点之间关系的一种表现，是对取消了意义价值的生活空间的一种表现。具有讽刺意味的是几何空间的得以使用正在于它取消了人类的价值。

杜维还认为，生活空间中的"现象距离"与几何空间截然不同。一种接近的感觉和经验不仅仅由障碍物、路径的形状和构造决定，而且是由社会、文化、经济和技术因素决定的。由于生活空间负载着意义和记忆，生活空间在一定程度上是为人们所共有的，因为人们具有相同的身体结构和知觉系统，以及因社会文化而联系在一起的世界观和主体间性(inter-subjectivity)。更为重要的是生活空间不仅是日常生活的布景，而是"存在于世"整体中的一部分。人们不能仅仅居住于几何空间中，人们需要的是生活空间。在讨论了生活空间后，杜维指出生活空间的根源在于场所。生活空间为日常生活的行动提供了充满机遇的环境。现象学考虑的是"场所"的概念，场所对于生活空间来说就如同地点对于几何空间。对于建筑师来说，只有将所希望的环境特性注入几何平面和空间中，才有可能对人造环境起到实质性的改变。因此，需要研究"生活空间"、"场所"等现象学问题。

1.3 斯蒂文·霍尔的场所观[22]

盖里·史蒂文斯在《建筑科学在后退吗？》一文中说，"现象学运动的极端模糊性使它成为反对派评论家难以对付的批评对象。实际上，它更多地被称作一种情绪而非一场运动，一种心境而非一种研究手段。谴责空间设计而崇拜场所创造确实完全正确，但这究竟意味着什么呢？没有予以评论的方法论，其著作常常是说教的或驳斥式的……现象学家严厉批评他人，却没有找出替换品"。[23] 这段话在大多数情况下是正确的，但自霍尔的著作出版后就不再完全正确了。霍尔不仅讨论了"场所"在设计中的重要性，而且将从"场所"讨论中得来的理论用在设计中。

霍尔的现象学思想强调场所在设计中的决定作用，他认为建筑的场所不是建筑设计概念中的佐料，而是建筑的物理和形而上学的基础。建筑被束缚在特定情景中，它与音乐、绘画、雕塑、电影和文学不同。建筑与所在的特定场所中的经验交织在一起。如果给予某种渠道、某种联系、某种动机和主题，建筑就可以变为场所中某种具有深刻意义的景象，而不仅仅是某场所的一种时尚

---

22 Steven Holl, *Anchoring* (New York: Princeton Architectural Press, 1989, 1991). pp.9-12.

23 盖里·史蒂文斯."建筑科学在后退吗？".王千翔译.《华中建筑》1994(3).

符号。通过与场所的融合，通过汇集该特定情景中的各种意义，建筑就可以超越物质和功能的需要。场所的启发性并不是简单地去响应场所的所谓"文脉"，去揭示场所的某个方面并不一定要去进一步确定场所的表面现象。建筑与场所应该有一种经验的联系，一种形而上的联系，一种诗意的联系，当一件建筑作品成功地将建筑与场所融合在一起时，第三种存在就得以出现。在这第三种存在中，内涵和外延合二为一，形式表现与场所结合起来的思想得以形成。

一个构筑有一个场所，当构筑与场所相互依赖不可分离时建筑得以成型。在传统社会中，场所与建筑的联系通过无意识地使用地方材料和工艺的方式显现出来，通过将景观与历史和神话联系起来加以表现。今日我们必须发现联系场所与构筑的新方式，这是现代生活的建设性转化。

霍尔认为，设计的思想和概念是从感受场所时开始孕育的，在一个将建筑与场所完美结合起来的作品中，人类可以体会场所的意义，自然环境的意味，人类生活的真实情景和感受，以及人造物、自然与人类生活的和谐。这样人们感受到的"经验"超越了建筑的形式美，从而建筑与场所就现象学地联系在一起了。一座建筑从建成时起，思想、概念和现象就交织在一起。在建筑实现前，时间、光线、空间、材料等建筑的形而上学的骨架保持着一种无秩序状态。此时，设计构成的方式仍然是敞开的：线、平面、体积和比例都在等待着某种指令，某种催化剂。当场所、文化和设计任务给定后，一种秩序、一种思想就有可能形成。他又说，如果我们认为特定的秩序是"外在的知觉"，现象（经验）是"内在的知觉"，那么在一座建筑上，外在知觉和内在知觉就是交织在一起的。站在这种立场上，经验和现象在某种意义上讲结合了概念和感觉的材料，从而主观与客观就结合在一起了。通过将建筑锚固在场所上，理智的外在感知和感觉的内在知觉加入了对空间、光线和材料赋予秩序的活动中。

霍尔还认为，建筑思想是一种在真实的现象中进行思维的活动，这种现象在开始时是由某种想法引发的。在建筑设计的创造活动中，我们认识到想法仅是在现象中进行发展的一颗种子。无论我们在思考概念和感觉的结合，还是在考虑观念和现象的交织时，最重要的是要将理智和感情、精确性和灵魂结合在一起。

1.4 其他诸家的观点

瑞尔夫在讨论场所时描述了一种景观意象[24],这是一种简朴、安宁的意象,在这种意象景观中没有大城市、没有郊区、没有丑陋的工厂,没有以金钱为基础的经济,没有极权政治系统,人们认识自己的邻居,有着共同的传统和社会仪式。人们对本地的地理有着一种十分亲密的熟悉感,他们感到负有维持自己场所的那种责任感。这虽是对过去或未来的一种不现实的浪漫想象,但却出现在诺伯格-舒尔兹、克利斯托夫·亚利山大和林奇的作品中。虽然这种观点和形象对于现代世界十分重要,但是创造这种场所的技术和社会内容已经不存在了。瑞尔夫分析了当代社会文化的特点。指出当代环境是所谓的"即时环境"(Instant Environment),即采用快速、大量、无地方性、标准化、统一规格生产和建造的。"即时环境"由"即时环境机器"建造,"即时环境机器"由两部分组成,一是大公司,尤其是跨国公司、银行和承包商。这些机构能聚集和动用大量资源去发展郊区的行列式住宅,而且公司的利益和其盈利高于一切。这样,诸如民族特色、地方历史、地理特征和地方风情均被抛在脑后。二是通信媒体,它将世界任何地方的信息和经验带到世界各个角落,使得保持某一地区的特色变的十分困难。

为重新获得场所感,拉夫提倡在场所设计中应该鼓励社团参与,因为场所的重要特征是从这种参与中获得的。一个场所是一个整体的想象,它由三部分交织在一起,这三部分是:具有人造和自然要素的特定景观;一种可以为场所接受的活动模式;以及一套同时是个人又是共有的意义。

耶鲁大学的卡斯滕·哈里斯(Karsten Haris)则认为对建筑的需求不能简化为对环境的物理控制上,对精神的需求同样重要。他认为人们必须将混沌转变为一种有秩序的世界,即某种"宇宙"后才能生活。在建筑和环境中,时间和空间向人们显示的应该是为人们提供了定居的场所[25]。

美国乔治亚州大学的卡特琳·赫维(Catherine Howett)[26]试图在设计教学中唤起学生们对场所经验的记忆。她这样做是为了使学生认识到场所及有关场所的经验对人生发展的重要性,以便使学生们在今后的设计中强调对场所和从场所中所获得的体验的重视。在设计初

---

[24] E. Relph, "Modernity and the Reclamation of Place," in D. Seamon ed., *Dwelling, Seeing and Design: Toward A Phenomenological Ecology* (Albany, State University of New York Press, 1993).

[25] K. Harries, "Thoughts on a Non-Arbitrary Acrhitecrure," in D. Seamon ed., *Dwelling, Seeing and Design: Toward A Phenomenological Ecology* (Albany, State University of New York Press, 1993).

[26] C. Howetti, "'If the Doors of Perception were Cleansed' Toward an Experiential Aesthetics for the Design Landscape," in D. Seamon ed., *Dwelling, Seeing and Design: Toward A Phenomenological Ecology* (Albany, State University of New York Press, 1993).

步课时，她要求学生回顾过去的生活，去回忆最深刻或最幸福的场所经验。他发现学生们对场所的回忆具有如下特点：这是个很复杂的情景，有着详细的特殊感觉和心理细节，但在逻辑上很模糊。此外学生们所描述的场所和经验都与个人的童年有关。

2. 知觉的建筑与生活经验

海德格尔对人的存在的讨论引发了建筑理论工作者对场所的重视，梅洛-庞蒂有关知觉的思想则引起了建筑师们对建筑知觉、建筑经验（体验）的重视。赫维曾提出以下的问题："'必须重视知觉的门户'意味着什么？知觉门户是否仅意味着眼睛？人们是否仅依靠眼睛来感知世界？"建筑界对知觉领域的讨论并不很深入，通常认为对建筑的知觉是通过视觉获得，对其他知觉领域或是不加考虑，或是认为与建筑无关。重视建筑现象学的学者则开始对其他建筑知觉进行探讨。

施特恩·艾勒·拉斯姆斯 (Steen Eiler Rasmussen) 在他的《建筑体验》一书的"聆听建筑"一章中讨论了营造形式的声学特征，他提醒人们声音在空间中的反射和吸收直接影响到人们对给定体积的心理反应[27]。弗兰普顿甚至认为形式的整体性有时需要依靠声学效果来获得。例如，他认为巴拉甘的圣克里斯特博住宅通过位于中心的反射水池和其喷泉的水声一起保证了建筑的整体性。弗兰普顿还认为身体感知环境的能力使人想起 18 世纪意大利哲学家詹巴蒂斯塔·维柯 (Giambattista Vico) 在《新科学》中论述的有关身体想象力 (corporeal imagination) 的概念。为了抵制笛卡儿的理性主义，维柯提出语言、神话和习俗是人类在历史中通过自我实现（从最开始对自然的原始经验到一代代漫长的文化发展）而产生的隐喻式的遗产。维柯有关人类在历史中不断制定和再制定规则和条例的概念不仅是隐喻和神话性的，而且是身体和体质性的，也就是说身体通过其对现实的触觉和身体接触来构造世界。这一点通过形式对人们存在的心理和生理的影响，通过接触与形式互动，以及在建筑空间中感知行走路线的倾向来证明。从哲学的角度将身体和心智相分离的做法导致当代建筑理论很少讨论具体的感觉和体验。建筑理论由于过于强调意味含义和引证参考导致将意义作为一种彻底的概念现象来构造。作为与理解相关的经验似乎被简化为一种符号和密码信息

27 Steen Eiler Rasmussen, *Experiencing Architecture* (Cambridge: MIT Press, 1964).

的视觉注解。如果建筑理论论及身体,身体也被简化为条理化的由根据行为和体适学为基础的设计方法来解决和处理的对象。因此,身体和经验并没有加入建筑意义的构造和实现的活动。安滕忠雄在20世纪80年代就曾强调要在空间中生活来实现自己。他认为人类通过自己的身体来形成和表现世界。人不是一种精神和肉体分离的二元存在,而是一种在世界中活动的活生生的肉体存在……由于人体上下前后左右的不对称性,自然地形成非均质空间的世界。因此,呈现在人类感官中的世界和人的身体状态便相互依赖。由身体形成和表现的世界是一种活生生的生活空间。当然,早在安滕提出上述观点20多年前,现象学家梅洛-庞蒂在他的经典著作《知觉现象学》就已经指出不应该说身体在空间或时间中,而是身体生活了空间和时间。更全面地说应该是身体形成和塑造世界,同时身体也被这个世界所塑造[28]。

海德格尔是20世纪最为关注技术对文化影响的哲学家。他认为,每个时代都要在漫长的历史轨道中面对自己的命运,因此历史是每个时代的人们在历史中选择的而非决定的。这样,他在根本上与实证论者分道扬镳了。此外,在《筑·居·思》中他还阐明了有关有边界的领域或场所的地形学概念,他用这个概念来反对无边界和无限定空间的城市。也就是人类各种机制应该有机地结合进地形地貌中,用以反对那种以快速发展为终极目的的倾向。工业技术破坏环境并不是他的主要关注,他所关注的是技术具有将任何事物转变的能力[29]。为了反对机器时代的生产和消费哲学,海德格尔如同胡塞尔一样,试图将人们回复到"事物自身"的现象学表现上。采用这种心态和方法,不仅赋予事物以统一性和事物的要旨,而且使人们了解造成该事物给予人们的那种特殊感觉状态的来源:颜色、坚硬度、体积、共鸣。这就是现象学所强调的"本质在事物中"。

2.1 帕拉思马的《建筑七觉》[30]

尤哈尼·帕拉思马(Juhani Pallasmaa)在他的《建筑七觉》中列出了对建筑的几种知(感)觉,以及与这些知觉相联系的知觉经验和感觉(受)。除了视觉以外,帕拉思马格外强调另外几种知觉或与知觉有关的领域:声响、寂静、气味、触摸的形状、肌肉和骨骼的知觉。帕拉思马是从批评将建筑作为一种纯粹视像作品入手

---

[28] Maurice Merleau-Ponty, *Phenomenology of Perception*. 转见于 Kenneth Frampton, *Studies in Tectonic Culture* (Cambridge, the MIT Press, 1995), p.391.

[29] M. Heidegger, "Building, Dwelling, Thinking," in *Poetry, Lanuage Thought* (NY: Harper and Row, 1971).

[30] J. Pallasmaa, "An Architecture of the Seven Senses," in Steven Holl, J. Pallasmass and A. Perez-Gormez, Questions of Percetion–Phenomenlogy of Architecture, *Architecture and Urbanism*, July 1994. Special Issue.

的。他认为今日的建筑已经成为一种纯视网形象，成为一种形象复印艺术，只不过这种复印是通过眼睛来进行的，建筑的形象被动地投射在视网膜上。"注视"这种活动倾向于将建筑展平成为图像，从而失去对建筑的塑造活动。仅仅重视视觉不但没有使人们在世界中经历和体验人生的"存在"，反倒使人与世隔绝，站在事物的外部作为旁观者。帕拉思马认为当建筑失去了其可塑性并失去了与语言和智慧的联系，它就被孤零零地隔绝在冰冷、遥远的视像王国中了。随着对感觉、触觉的轻视，以及为身体和手营造的尺度和细部的消失，建筑成为扁平的简单几何形，没有材料特征和质感，而与真实的生活十分遥远。当建筑与世界、事物和手工艺的现实脱离了联系，建筑就成为纯粹为眼睛服务的舞台背景，从而材料和构造的逻辑就丧失了。

他又认为砖、石、木等自然材料得以使视觉"穿透"其表面，使人们体会到真实的世界，体验到具体的生活，使得人们感受到事物的真实性。自然材料表现了其年月、历史、经历和人类使用它们的故事。而今日的材料，例如平展的大面积玻璃窗、电镀和涂漆金属以及合成材料展现的是坚硬的表面，没有传达这些材料的任何本质、经历、年月和历史。

他还认为在建筑中过分强调智力和概念上的思辨会进一步使建筑的物质现象感和具体的建筑现象消失。经过上面的分析，他开始提醒人们注意那些为人们所淡忘和漠视的其他几种建筑知觉。知觉不仅传输信息以利于人们的大脑进行判断，它们还是一种构成感觉思维的手段。他认为知觉的建筑与如下几个领域有关。

（1）声音的亲密性。帕拉思马认为那些生长在夜梦中伴随着远处火车鸣响的人们与在城市中无数的人们一样体验到了城市的空间，他们理解声音对人们的想象力有着何等重要的力量。夜半火车由远而近到消失的鸣响使人们意识到整个沉睡的城市和城市空间以及城市地图和意象。那些被水入深潭时发出的悠远声响所吸引而为之着迷的人们，他们可以印证人类的听觉器官可以在黑夜的空间中探测。那被听觉探知的空间就成为一种印迹刻印在头脑的记忆中。人们也可以记忆起没有装修、无人居住的房子中那种空荡生硬的声音。相反，一个温暖、可爱、可居住的家中的声音由于被无数家什物件所吸收、折射而减弱。每座建筑或空间都有它或是私（亲）密或是纪念性的、宏大的、拒绝性的、欢迎的、亲善的或含有敌意的声音。

视觉使人们与周围的事物分离开来,听觉则创造了一种联系的感觉。当人们的眼睛在空荡、昏暗的教堂中孤独地搜寻时,管风琴的声响使人们意识到人与空间的关系。当人们独自紧张地注视着马戏团的表演,周围爆发出的掌声和喝彩声则使其与其他观众融合了起来。回荡在街道中的教堂钟声使人们意识到自己是社团的一员。石板路上回荡的脚步声具有一种感人的魅力。因为从周围墙上返回的声音将人们与周围的空间直接联系了起来。声音帮助人们衡量空间并使得空间的尺度易于掌握。人们用声觉来感知空间,可是当代城市失去了这种城市的回响。

(2)寂静、时间与孤独。帕拉思马认为建筑创造的最为重要的听觉经验是寂静与安宁。建筑表现了转化为寂静的实体与空间的营造戏剧,因此建筑是一种石化了的寂静艺术。当人们从建筑中离去,建筑就成为寂静地耐心等待的博物馆——在古埃及神庙中人们遇到的是法老的沉默;在哥特大教堂中,人们想到的是格里高利圣歌最后的尾音。

一种深刻的建筑经验使得所有的外在噪声停止下来,于是一切都归于沉寂。这是由于建筑经验将注意力集中在人们的真实的存在上。建筑与其他艺术一样使人们领悟到人在本质上的孤独和寂寞性质。同时,建筑将人们从目前状况中分离出来,使得人们经历到缓慢而又真实的时间和传统的流失。建筑和城市既是时间的指针,又是时间的陈列馆。建筑和城市使得人们去观看,去了解正在流失的历史。它将人们与逝去的历史、时间和事件联系了起来。建筑的时间是一种保存的时间,在伟大的建筑中时间是停止和永恒的,从而转为一种永恒的、无时间性的存在。帕拉思马还认为,对艺术的经历是观者和作品之间的一场秘密的对话,它将其他活动排除在外。

(3)空间的气味。他还认为,对空间的最强记忆是对空间气味的记忆。一种特殊的气味可以使人们重新进入一个已经彻底从视觉记忆中抹去了的空间。例如,糖果店的气味使人回忆起无忧无虑、充满好奇的童年时代。

(4)触摸的形状。肌肤可以感觉质感、重量、密度和温度。一个历经年久的物件的表面是由手工艺工具打磨，以及长年使用而磨成的一种完美形状。这种形态具有吸引人们去抚摸的能力。开启一扇门，经年使用而磨光的门把手给人一种特殊的体验。因为这种门把转变为一种欢迎和友善的意象，与门把接触就成为与建筑"握手"的活动。

当你在夕阳西下的海边光着脚站在礁石上，脚下感到的是被阳光烤热的石头，这时感觉是一种治疗和安慰的体验。这使人们感受到自己是大自然永恒循环的一部分，使人们体验到大地缓慢的呼吸。

帕拉思马认为在肌肤和家的感觉之间有一种强烈的相似性，家的感觉是一种温暖的感觉。壁炉周围温暖的空间是一种终极的、亲密的、安慰的和舒适的空间。最强烈的归家感莫过于在冰雪覆盖的地区黄昏时从窗户中射出的灯光，这时产生的那种对温暖室内的回忆通常温暖了冰冷的四肢。视觉体会的是分离和距离的感觉，肌肤的接触则是一种接近、亲密和有影响力的感觉。人们在抚爱恋人时常会合上眼睛，因为黑暗减弱了视觉的锐利，从而启动了触觉的幻想。单调、均质的光线使得想象无法发挥。单调、同一也使得场所经验无法存在。杰出的墨西哥建筑师巴拉甘认为，在绝大多数的当代住宅中，如果窗户面积减少一半，其效果就会好得多。

（5）肌肤和骨骼的形象。帕拉思马特别强调人在建筑中活动的作用。他说初民利用身体作为营建的衡量尺度和比例系统。传统社会的营造者使用身体作为塑造他们建筑的依据，其原理与飞鸟筑巢无异。传统的本质是将身体的智慧存储于记忆中。在传统社会中，渔人、农人以及石匠、木工、泥瓦匠的基本知识和智慧是一种对体现在职业传统上事物的模仿。这种专业传统存储于肌肉的触觉中。

身体的反应是建筑体验不可分割的部分。一种真实的建筑经验绝不仅仅是一系列视觉形象，而且是遭遇的、接触的、接近的、面对的与身体相关的。开门时人的重量与门的重量相遇，上下楼梯时腿在衡量着台阶等都是其证明。

建筑并不是自身的终结，它还起构织、限定、表现和赋予意义的作用，它还有联系、分割、沟通和禁止的作用。真实的建筑经验就是在接近、接触，与建筑互动等活动中产生的；真实的建筑体验是由"进入"（通过门）建筑这个活动，而非简单的门框的图面构成。建筑经验的真实性是基于建筑的构造语言以及营建构造活动得以被人类的知觉感受和理解。人们用整个身体的存在去感受、接触、聆听和衡量世界。人们的"体验世界"是围绕着身体来组织和构造的，人们的住所是人们身体记忆和特征的避难所。人们不断地与环境对话和互动，以至不可能将自己的形象与空间和"情景存在"(situational existence) 相分离。与任何艺术品接触都暗示着一种与身体的互动，面对一件作品犹如面对一个人。同样，建筑师也拟人化地将建筑转化为自己身体的一部分：运动、平衡、距离和尺度都通过身体肌肉系统的张力和骨骼以及内脏器官的位置而潜意识地感受到。当作品与观者互相作用时，其经验散发出设计者的身体感觉。

（6）建筑的味觉。视觉也可以转化为味觉，特定的色彩以及精致的细部有时能够唤起人们的口感。打磨、抛光的精致石头表面在潜意识中是由舌头品尝的。帕拉思马谈起多年前他在加利福尼亚滨海风景小镇卡梅尔（Carmel）参观格林兄弟设计的詹姆士住宅 (James residence) 时，他被格林兄弟设计的大理石门槛所吸引，感到必须双膝下跪地去抚摸它们。卡罗·斯卡帕的建筑呈现出同样的味觉经验。

建筑现象学强调人们对建筑的知觉、体验和真实的感受与经历。这样的建筑思想与后现代主义建筑哲学思想相反。后现代建筑思想以及与其同时出现的建筑符号学认为建筑是有意义的，无论这种意义是建筑师表达的，或是建筑在特定关联域中产生的意义，或是因商业、政治和社会等因素而来的象征、隐喻或联想。这就是说建筑表现了一种并不从建筑自身衍化来的意义，建筑成为一种表现其他内容（意义）的工具。用符号学或结构主义理论来分析就是建筑与意义成为一种能指／所指的关系。一种一一对应但不可分离的关系。建筑现象学则认为如果建筑具有意义，那么建筑所述说的或我们称之为意义的东西并不独立于它自身的"在"，它不能表达另外的意义。它的"意义"只是它自身，以及人们对它位于那里的那种存在方式的一种直接的经验。这种直接的经验并不与其他任何政治、社会和历史的文脉相关联。人们所经验（历）到的建筑就是此时此地的建筑和其场所自身。建筑的体验与那种由文字表达、传输的体验不同。在文字中，字形自身是它所呈现出来的现象，但在字构成意义的同时，人们对字形自身的感受和体验却消失了。这样字形所构成的意义将人们对字形自身的感受和体验终止了。在文字中这正是人们所期待的，但在建筑中则不是。如果将建筑当作文字，那就会失去对建筑、场所及其构成的整体环境的真实把握，这正是建筑现象学所反对的。

其实将建筑作为一种表现某种"意义"的系统并非起自后现代。在古代和传统社会中，人们认为建筑象征着宇宙的秩序（即一种价值、道德、宗教和意义的系统）。西方将建筑作为一种系统的学科相对较早，从维特鲁威起就认为建筑具有象征性。自法国建筑师迪朗（Durand）及法国大革命以来，一部分建筑师开始认为应将建筑作为一种"无意义"的对象来对待，或至少将建筑限定在一种相对的自我参照系统中来看待，即不将建筑系统外的意义和价值系统带入。20世纪现代艺术运动充分发展了这种观点，其典型代表是塞尚的艺术作品。塞尚在他的绘画中抛弃了作为现实主义和表现主义基石的对外在形式的重视。他的眼光不再是对世界的一种纯摄像关系，不再是对外形的观察。正像梅洛-庞蒂指出的那样，呈现在塞尚面前的世界已不再是那种通过透视表现所呈现的世界。相反，它是画家通过将注意集中在视物上，而世界中的事物对画家呈现出来的那种方法。塞尚采用这种方法是为了获得一种新的真实，一种体验的真实奥秘。佩雷斯-戈麦斯在《建筑的空间：作为表现和呈现的意义》[31]一文中认为，建筑不仅仅是意义的载体，因为如果那样就意味着意义可以转换到另一个载体上。相反，作品的意义的存在现实在于，意义仅简简单单地在那里。佩雷斯-戈麦斯采用解释学大家加达默尔的观点，加达默尔认为意义的创造并不像人们想象的那样是由人特意创造的。佩雷斯-戈麦斯进一步用现象学思想来阐述建筑的意义，他认为艺术品和建筑并不仅简单地表达"某种"意义，艺术和建筑使得意义呈现自身。艺术品和建筑呈现了某种仅能在特殊情状中存在的意义，重要的是世界以及对世界的经验统治了我们。他认为建筑的呈现和表现力量与对意义的替换和复制无关。这种呈现和表现的能力将建筑、艺术品与其他技术产品相区别。他说，"建筑的这种特性得以抵制那种纯粹概念上的掌握，抵抗纯粹的概念化。它与那种可以从概念上理性地复原的终极意义无涉。确切地说建筑作品将其意义保留在作品自身中。它不是那种说着某事，却给人以另外一种理解的

[31] A. Perez-Gomez, "The Space of Architecture: Meaning as Presence and Representation," in Steven Holl, J. Pallasmass and A. Perez-Gormez, Questions of Percetion - Phenomenlogy of Architecture, *Architecture and Urbanism*, July 1994. Special Issue.

那种象征或比喻。作品所表述的仅能在作品自身中发现。作品所要表述的虽然依靠语言但又超出语言。在建筑作品中去体验和参与具有瞬时变化的特征,这种体验和参与是最重要的。"由此可见,知觉的建筑否定建筑传达某种外在意义的作用,而强调对建筑的直接体验和感受,它确立了人们对建筑的经验、感受和经历的绝对权威。

2.2 霍尔与"建筑的知觉问题"[32]

随着建筑现象学研究的进展,霍尔的研究范畴从"场所"转向对建筑知觉和体验的重视。他认为对建筑的亲身感受和经验,以及具体的体验和知觉是建筑设计的源泉,同时也是建筑最终所要获得的。这可以从两个层次来讲述:一个层次是强调建筑师个人对建筑的真实知觉,通过建筑师个人独特的经历去领悟世间美好真实的事物;另一个层次是在此基础上试图用建筑塑造出一种使人能够亲身体会或引导人们对世界进行感受的契机。为达到真实体验世界的目的,人们需抛弃常规和世俗的概念,回到个人的心智。面对场所、环境和建筑,依靠人们的纯粹意识和知觉来进行自我观照,从而获得个人真实的经验和知性。仅有通过独自的静思、内省和自我观照等内在生活,人们才能穿透周围的帷幕,体会其秘密。内在的生活得以揭示世界具有启发意义的内容。静思和内省使人们意识到自己在空间中独特的存在,而这对人们知觉意识的发展至关重要。

(1) 知觉与体验。霍尔认为当代世界充满着各种烦恼,它们分散了人们的注意力,诱惑着人们走向商业利益。现代商业的存在将什么是本质的问题扰乱了。他认为技术确实可以使生产率成倍地增长,但他提出这样一个问题:技术是否使人们自身成长了?或只是使人们在知觉上变得畸形了。人们生活在构筑的空间中被物体围绕着,问题是生长在这样的物质世界中,人们是否有能力彻底地体验这些物质之间的相互关系,从知觉中引发出欢乐。他在《知觉的问题——建筑的现象学》中说:"建筑具有激发和转换人们日常存在的能力。每当接触门把手,开启门扇进入一个充满光线的房间,当通过知觉控制的意识来体验这些现象时,它就变得十分重要。去观看和感觉这些物质就是去成为感知的主体……"。为获得这些隐藏的体验,人们必须揭开今日新闻和传播媒体的面纱,必须抵制媒体的干扰,必须重

---

[32] S. Holl, "Questions of Perception-Phenomenology of Architecrue," in Steven Holl, J. Pallasmass and A. Perez-Gormez, Questions of Percetion -Phenomenlogy of Architecture, *Architecture and Urbanism*, July 1994. Special Issue.

视有形的、实在的呈现和表现。如果媒体使人们被动地接受讯息，那么人们必须坚定地将自身置于意识主动者的地位。

霍尔认为建筑与其他艺术相比更全面地将人们的知觉引入时间、光影和透明度的流逝变化中，色彩、现象、质感和细部均加入到全部的建筑体验中。在各种艺术形式中，只有建筑能够唤醒所有的知觉，这就是建筑知觉的复杂性。霍尔还认为建筑通过将前、中、远景联系起来将透视与细部、材料与空间联系起来。建筑自身提供了有质感的石块和光滑的木柱所表现的那种有触觉的实体感，那种运动的光线变化，空间的气味和声音，以及与人体有关的尺度和比例。所有这些感觉和知觉结合为一个复杂而又无言的经验。建筑是通过无言、静默的知觉现象来述说的。

（2）"现象区"（phenomenal Zones）[33]。霍尔的论述清楚地表明在建筑设计中最重要的是对建筑知觉的重视。那么建筑所呈现出的哪些现象为人们的知觉所感受呢？霍尔对这些现象进行了分析与总结，将其称为"现象区"。现象区由纠结的经验、透视空间、色彩、光与影、夜的空间性、持续的时间和知觉、作为现象镜的水、声音和细部组成。

33 S. Holl, "Phenomenal Zones," in Steven Holl, J. Pallasmass and A. Perez-Gormez, Questions of Percetion –Phenomenlogy of Architecture, *Architecture and Urbanism*, July 1994. Special Issue.

1）纠结的经验。纠结的经验不仅仅是事件、事物和活动的场所，而且是某种更为无形的、不可捉摸的、难以确定的事物。它从不断展现、联系重叠的空间中浮现出来。梅洛-庞蒂曾描述了一种"位于中间状态"的现实或将事物在其上聚拢的场地。霍尔认为，这种"中间状态"的现实与事物开始失去它们的清晰性的瞬间有关。在现实中我们都有这种经历，即在运动中观看某事物时，在一定的距离，对象开始不清晰。在此瞬间，该对象融入背景。纠结的经验就与这种中间状的现实有关。建筑综合了前、中、远景，结合了材料、光线与主观，从而形成"完全的知觉"的基础。建筑将主观与客观、主体与客体融合在一起。

当我们坐在靠窗的桌前，远处的景色、窗中射进的光线、地面的材料、木桌，以及手中的橡皮开始在知觉上融合起来。这种将前、中、远景叠合在一起的现实是建筑空间创造最为本质的问题。我们必须将空间、光影、色彩、几何和细部，以及材料作为一个连续的体验来考虑。虽然在设计过程中可以将它们打散，孤立地研究各个元素,但它们在最后的条件下合为一处。最终的现实是人们无法将知觉解散为几何要素、活动和感觉的简单集合。

2) 透视空间:不完全的知觉。从空中接近一座城市,人们的第一印象已不是那种立面化的景象,没有必须穿过的大门和桥梁。盘旋、倾斜下降的飞机为人们提供了多个不同的视点。在爬上爬下驰骋的火车上,视点也急上急下。在车站,人们使用自动楼梯通过那些重合交叠的现代化车站。这些空间经验是无止境的,他们构成了一种交叠的透视网络。

在这种对纠结空间的连续体验中,我们得以理解客体与场址是一体的。然而,人们对城市的体验只能是片段、不定、透视化和不完全的。这种经验与那种对静止对象的经验不同。人们的知觉从一系列的重合交叠的城市视像透视中发展而来,透视按照角度和速度展开。我们无法穷尽所有可能的视点,进一步讲,没有一个建筑和城市空间的视像是完全的,因为对建筑的知觉总是与实体、空间、天空、街道相连的。这样,霍尔提出根据知觉原则来构造城市空间,采用这种思想使得在绝对的建筑意向和不定的城市组合之间具有保持伸缩的可能性。

3) 色彩。江河湖海颜色的变化、晨与夕的变化均与颜色有关。情景、气候和文化决定颜色的使用,也决定人们对颜色的体验。特定场所和情景的色彩以及空气的特质会使人们产生特定的色彩概念。

4) 光与影。一些建筑师将他们作品的全部意象集中在光线上。建筑的"知觉精神"(perceptual spirit) 和"形而上学的力度"(metaphysical strength) 来自实体与虚空塑造而出的光与影、透明程度和光泽性。自然光有着无穷的变化,它主导着城市和建筑的强度。视觉所见到的建筑是按照光影的条件形成的。

5) 夜的空间性。霍尔认为 18-19 世纪城市的夜空间与前些世纪相比较,变化并不大。然而 20 世纪以来的城市却有着大量的夜光和夜空间,这改变了人们对城市空间形式和形态的知觉。纽约的时代广场在白天看起来无非是一个肮脏拥挤的交叉路口,在夜里则成为令人吃惊的光的海洋,这是一个由光、色彩和条件气氛限定的空间。而像洛杉矶和凤凰城这样铺展的大城市,其夜里的灯光限定了城市。当乘飞机接近这些城市时,夜里的灯光提供了城市空间和形状的一种新感觉。如何塑造夜里的灯光将赋予城市经验以新的尺度。

6) 持续的时间和知觉。人们对场所和空间的经验是持续的,它成为心智和记忆的产物,它可以弥补支离破碎的现代生活所造成的紧张、焦虑等心理障碍。由此,建筑的空间经验填补了间断的时间,使其成为"持续的时间"。

7) 作为现象镜的水。水的各种状态和其变化的形态为人们提供了对水的经验。它具有反射、折射、空间翻转和对光线进行转化的作用,也许人们应该将其看作一个"现象镜"。在秋天,有时静止池水中的花木倒影的颜色和轮廓似乎比真正的景色更为清晰和强烈。水的反射的心理和精神能量比水的各种科学物化现实更为强烈。霍尔说他在1989年设计日本福冈纳克索斯公寓时特别强调水的折射现象,这成为他在这件作品设计中的一个主要动因。在这件作品中,他设计了一个称之为"虚空间"(void space)的水园,在这个虚空间的水园和近邻公寓室内顶棚上从池水中反射而来的光线结合起来,造成动荡、流动和起伏的水的奇幻纹理投射在室内顶棚上显得十分神奇。霍尔认为现代城市生活的一个可怜现实是复杂的城市系统常使人们与每日不可预测变化的天空气候相分离。而在霍尔设计的福冈住宅中,即使一丝微小的雨滴也会以涟漪的形式即刻反应在虚空间水庭的池水中。强度变化着的风使得吹皱的池水纹路在天花板上不断变化,天空中飘过的云朵也会反映在虚空间的池水上。

8) 声音。石头教堂中的回声使人们意识到空间的空旷、空间的几何性和材料的特性。如果将同样的空间铺上地毯,装上吸声材料,那么对该建筑的空间性和尺度感的经验便彻底消失了。我们可以通过将注意力从空间的视觉领域转到空间是如何通过共鸣声、材料的振动频率和肌理质感来重新定义空间的。京都寺院中定时的钟声使人产生有关该城市几何空间地图的意象。因为声音造成的空间地图与城市模糊的距离中的地点有着联系。在某些欧洲城市中定时的教堂钟声创造了一个心理和精神空间。钟声的知觉联想与钟塔教堂前端广场庭院有关。这种"声音空间"是不可能由电子音响设备准确地再造的。霍尔说几十年前作曲家约翰·卡吉(John Cage)蹲在隔声的密室中去听声,并发现那时的经验给了卡吉以生活指南。他认为卡吉或是激烈的或是诗一般的声音试验沟通了音乐现象与声音的物理和心理反应。

9）细部：触觉领域。建筑的触觉领域是由触摸的感觉决定的，当建筑空间由细部的材料性构成时，触觉领域就出现了。今日，建筑产品的工业和商业势力极力推销"合成产品"，例如以防水塑料和橡胶为表面的各种木窗，而各种合成外观材料电镀的金属外表，地面砖表面上的各种合成涂料。这一系列做法导致人们对材料的触觉十分迟钝。这意味着人们的触觉被商品工业彻底地消除了。霍尔认为，一个彻底的建筑空间感觉取决于材料和细部的触觉领域，这就犹如美味佳肴取决于特殊的佐料而不取决于味精一样。商品工业以合成产品制造建筑产品就如同使用人工添加剂的食品一样。他认为，改变材料的同时又不失去其材料特性，甚至加强了材料的自然性质的手段很多，建筑师应加以研究。

3. 现象学的设计思想和若干实例

采用现象学观点进行建筑思考在建筑设计和建筑教育上与现行的观点有很大不同。今日的主流建筑实践和教育考虑的是将设计当作一种创造物质环境的客观活动。设计是从分析的、科学的和计划性的领域展开的。例如，在学校中进行设计练习时学生们得到设计任务书，列出所要解决的问题和所要达到的目标，以及所用的方法和手段，如效率、经济、结构的稳定性和外观等。人们认为解决问题所用的手段是可定义、可分析、可衡量、可预测和可解决的。复杂的设计过程被简化为明确的、可解决的逻辑步骤。这种理性的操作方式使得建筑师和学生们在并不了解人们是如何感知和经验作为物质、社会和文化环境的建筑的情况下能够快速、简便和精确地制造建筑。其结果就是建筑师和学生们认为设计并不包括人们的经验、知觉和意识等精神范畴和社会文化范畴。这种科学理性的设计观点认为设计只是一种机械的常规操作，从而环境和建筑设计就成为一种不需要个人对环境的经验的机械活动。所谓"科学"的操作认为个人经验和知觉属于主观范畴，因此不值得考虑。但是，没有这种与自然和人造环境的经验意识，人们对建筑和环境的理解就是抽象的，从而产生那种"没有感觉"的、不能使人产生美好体验的建筑。这些都是现象学所力图避免的。

伊利诺大学的博通德·伯格纳 (Botond Bognar)[34] 认为建筑系的学生们没有将注意力放在应该重视的对多层面、多层次的建筑现实的综合和整体特质上，反而沉迷于理性地将设计分解为功能、技术、结构和形式上。他继而分析了两种受笛卡儿主观/客观二元决定论的理性设计方法：一是设计理性论，一是形式理性论。设计理性论遵循实证科学的原则并将建筑限定在建筑是如何构造的领域上。这种理论认为人类的本质和价值是不可测的，无法用精确的手段衡量和限定，因而与设计无关。形式理性论主要将建筑限定在视觉表象上，限定在建筑在视像上是如何呈像上面。这种理论主要依靠行为科学和实证美学理论，它有时将注意力放在人对建筑形式的意识上，但前提是这些要素是可衡量、可预测和可控制的。这种理论认为人类的活动和经验与人造环境的关系最终是可预测的，格罗皮乌斯的"全面设计"(total desing) 是这种理论的代表，这种理论所带来的是平滑、光整的建筑，其潜在意义就是建筑的形式和其表现应该是透明和自明的，建筑对每个人显现的意义也是一样的，这就是现代主义强调的"终极现实"。

伯格纳认为，这两种理性设计论将人和建筑看作遥远和抽象的概念和事物，其最终结果就是将建筑和人转化为抽象之物。他认为，建筑设计中的功能、水暖、技术、结构、任务、纲领、形式和商业利益虽然都很重要，但所有这些在为人们创造富有生活情趣和美好经验的环境中仅能起辅助作用。他在教学中尝试的现象学设计方法首先强调重视"场所精神"，这是一种无形的气氛，用克利斯托夫·亚历山大的话来描述就是一种"无名的特性"。其二是在设计中进行现象考查，例如，试图去理解物质环境与环境经验关系的模式，观察与自己有关的环境和其中人的活动和事件，将其记录下来并加以思考。这种观察和思考是一种必须的解释活动，因为它不仅可以发现先行存在的模式，而且还开启了一种新的现象思考方式。

虽然在建筑设计中使用现象学进行思考的建筑师并不太多，但在一些建筑师的作品中或多或少地反映了现象学思想，克利斯托夫·亚历山大的《建筑模式语言》(Pattern Language)[35] 的理论根源就来自人类的生活经验，从中抽取出模式。亚历山大的同事斯坦利·塞特维兹 (Stanley Saitowitz) 强调地理性的建筑，他将建筑设计

34 B. Bognar, "A Phenomenological Approch to Architecture and Its Teaching in the Design Studio," in D. Seamon and R. Mugeraure eds., *Dwelling, Place & Enviornment*.

35 C. Alexander, S. Ishikawa, M. Silverstein, M. Jacobson, I. Fiksdahl-King and S. Angel, *A Pattern Language* (New York: Oxford University Press, 1977).

的入手点放在场址、地理和地质形态领域，他曾说："我对揭示每个特殊情景的关键性质很感兴趣。"莱斯大学建筑学院办的《莱斯建筑集》(Architecture at Rice) 第33集汇集了他的作品。在该集中他认为："将建筑从对体验的追求转变为对意义的追求，文丘里在其中起了很大的作用。"[36] 这是在说后现代建筑强调建筑意义而失去了对建筑体验的追求。建筑现象学试图改变这种错误，将建筑从强调意义的歧途中引到强调建筑体验的正道上。

伯克利的另一位教授理查德·费诺 (Richard Fernau) 在一系列作品中亦格外强调建筑与场所的顺应关系，以及建筑与场所结合所创造的特殊的、迷人的建筑体验和生活经验。他的建筑虽强调场所，但他不像塞特维兹那样强调地理形态，而是强调人在特殊场所环境中的特殊生活情趣和生活经验。他在建筑设计中试图去探索和发掘特定环境中人们在其中获得的美好生活经验和愉悦平静的情绪和精神。费诺攻读建筑前曾是哲学系的学生，故而他的建筑显出更多对人类生存境界的关注。这突出地表现在他的自宅翻修工程上。这栋住宅位于伯克利山上，离他在伯克利近海岸原工业区的事务所很近。该住宅原是一极普通甚至可以说简陋的住宅，但其后有一条小溪穿过，建筑临溪而筑，溪边生长着几棵参天红木。他用从朋友处购得的一根红木做支柱，在建筑的后面第三层悬挑加建了一个开敞、通透的工作室。同样利用该木柱，三层与首层间挑出了一个平台，该平台由上面加建的工作室的木地板作为屋顶。平台的两面透空仅有护栏，对自然开放与周围的树木融合在一起。这个加建平台是一个开放的卧室，该卧室与生活间的分隔是由一个有窗的、在轨道上移动的活动门组成。门合上时就是一堵有窗的墙，将其打开，它就悬挑在建筑之外的轨道上，开放卧室与室内就融为一个流动的"灰空间"。费诺设计了一个带有轱辘的木床，木床移动到平台上，门/墙一关，室内成为一个独立的生活空间，室外成为一个独立的平台/开放卧室。费诺通过这个平台体验到卧室的新意义，体验到一种新的生活经验，一种崭新卧室和睡眠的经历。他认为传统卧室浪费空间，他通过这个创新的设计，每年在平台上睡上9个月。当有轮子的木床移到平台上时，住宅的其他空间就成为一个做瑜伽和静思默想的场所。费诺的建筑扩展了人们的生活经验、经历和感受，促进人们与环境的对话，是充分探索各种知觉

36 Stanley Saitowitz, *Architecture at Rice 33* (Huston Texas: Rice University School of Architecture. 1994).

来体验人生世界的实例[37]。体现了建筑现象学所关注的中心问题，以及建筑现象学对经历、经验、知觉和生活所起的重要作用。

[37] *San Francisco Examiner Magazing*, September 24, 2002.

3.1 瑞士建筑师卒姆托

建筑到底有没有意义？建筑是否能够表达意义？如果能够表达意义，它表达的到底是什么样的意义？建筑现象学试图去除任何现有的"成见"以获得真实的感知和真正的意义。这是一种更为贴近真实，从建筑自身出发的设计思想，它认为建筑所表达的不应该是外在的思想和意义，而应该是从建筑自身感受到的，无言的、无法述说的感受。这种感受的获得是通过建筑自身精致的营建和构造，材料和细部的设计来获得的。持这种建筑思想并在设计中身体力行的主要是欧洲建筑师，其代表人物是瑞士建筑师彼得·卒姆托(Peter Zumthor)。早在20世纪八九十年代，他就从对解构建筑和后现代建筑理论的批判入手建立起他自己有关建筑的思想。他认为营建是一门将许多部件组成一件有意义整体的艺术。也许一件根据不协调、杂乱无章、破碎韵律、片断、堆积和打乱结构的建筑作品能够表达一种信息。但是，当了解了它所要表达和陈述的内容后，人们的好奇心便会消失。这时所剩下的便只是对该建筑实用性的质疑。虽然，当代艺术应该如同当代音乐那样极端，但是，极端也是有限度的。建筑有其自身的领域，它与生活有着一种特殊的物质关系。他又认为大众传播造成一种符号化的虚假世界。后现代生活可以被形容为一种除自己的履历以外，所有其他的东西都似乎是模糊和含混的，它具有某种程度的非真实性。这个后现代世界充满着一些没有人能够完全理解的符号和信息，因为这些符号和信息自身其实也只是另外一些事物的符号。真正的事物仍然保持在暗处，人们没有机会窥其全豹。因此他不同意后现代和解构建筑那种将建筑主要作为一种信息或一种象征符号的建筑思想和设计方法。

卒姆托将建筑作为一种生活的容器和背景，生活围绕它或在其中发生。作为生活容器的建筑所要考虑的便是与生活直接和密切相关的具体事物，而不再是所谓传输意义的符号和信息。他说："我仍然相信真实事物的存在，虽然它是那么的难求。土地、水、阳光、景观和植被，人造物，例如机械、工具或乐器，这些物体是什么就是什么，它们不仅仅是一种艺术信息的载体，它们自身的存在本身就是自明的。当我们看着那些似乎自身便很安详的物体或建筑，我们的知觉便会宁静。这时我们感知的物体并没有提供任何信息，它们仅仅在那里，而我们的知觉能力逐渐安详，不带偏见，不再利欲熏心。我们的知觉超越了符号和象征，它是开放和通透的。这就好像我们可以看见什么，但在其上并不能发现自己的意识。在这种感知真空中，记忆也许会出现。"[38] 为了获得这种直接、自然、有关生活的建筑，建筑师需要关注更为具体的与生活和生活的体验息息相关的建筑领域和细节，去为节点、边缘和接缝等表面连接和不同材料衔接的关键部位寻求理性的构造、营造和形式。他认为细部建立起形式韵律，细部表现了设计的基本思想在建筑

[38] Peter Zumthor, *Thinking Architecture* (Baden: Lars Muller, 1998), p.19.

图 8.1 卒姆托的作品 (Peter Zumthor, Atelier Zumthor, Switzerland, 1985–1986)

有关部位所需要的归属感或分离感：紧张或轻松，坚实或脆弱……。因此成功的细部绝不仅仅是装饰。它们不会分散人们的注意力，也不供人们娱乐，而是引导人们去理解整体，细节是该整体的一部分。

图 8.2 卒姆托设计的 Bregenz 艺术馆室内 (Peter Zumthor, Art Museum Bregenz, Austria, 1990—1997)

　　除了对建筑细节和细部的重视，卒姆托还认为建筑与场所的关系对建筑能否具有那种永恒的迷人神秘性具有决定的作用。他说："对我来说，某些建筑的存在似乎有着某种神秘性。它们静静地在那里，我们并没有特殊地注意它们，然而不可想象该地方没有它们的存在。这些建筑似乎坚实地锚固在该场所的地址上。我对设计这种与时俱增、自然生长和融入建筑所在场所的形式和历史中的那种建筑有着很大的热情。我认为仅有对人们的感情和心智具有多样的吸引力，建筑才能被其周围环境所接受。由于我们的感情和理解根植于过去，我们与建筑的知觉联系就必须尊重记忆的过程。"[39] 他在《从对事物的热爱到事物自身》一文中论述场所时认为："我的作品受许多地方的影响，当我集中精力设计地段的场所和场址时，当我试图检测其深度、其形式、历史，以及感知的特性和质量时，其他地方的形象开始进入准确的观察过程：所熟悉而在当时又给我深刻印象的地方；作为特殊情绪和特质的普通和特殊场所的形象；来源于

39 Peter Zumthor, *Thinking Architecture* (Baden: Lars Muller, 1998), p.19.

艺术、电影、戏剧和文学中的建筑情形的形象。有些时候这些场所形象自发随机地出现在脑海中，通常第一眼看上去是异域和无关的，这些场所形象有许多来源。在另一些时候，我需要这些场所形象浮现，因为仅有将它们放在一起对不同地方的本质加以比较，当容许相同、有关，甚或异域的要素对所设计和关注的场所投射上其光线，所设计的场所（址）的集中的和多层面的地方特性和本质才开始出现。这是一种揭示出联系，暴露出力量的来源和令人激动的视像。这时，丰富和具有创造性的土壤出现了，获得特殊场所的各种探索可能的网络出现了，同时它还触发了设计的过程和决策。因此，我将自己沉浸在场所中并试图在想象中生活于其中。同时还

图8.3 卒姆托设计的教堂
(Peter Zumthor, Caplutta Sogn Benedetg, Sumvity, Graubunden, 1985–1986)

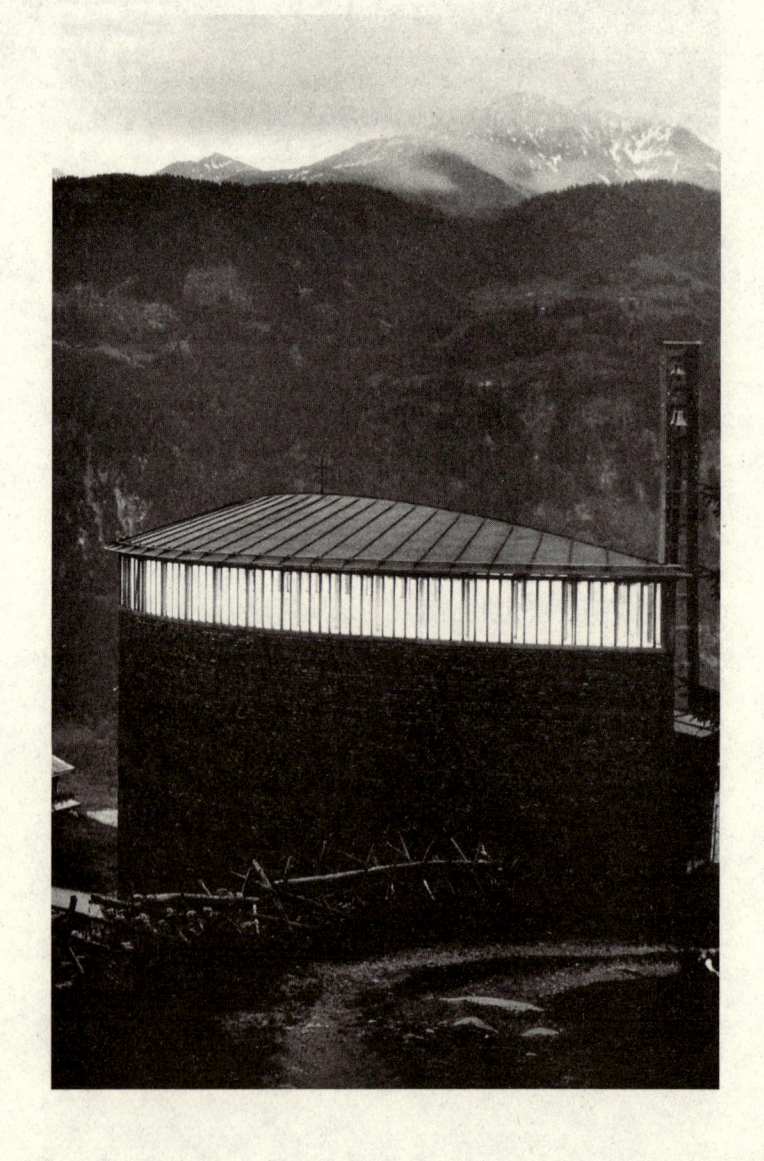

要超出该场所的地限，将其放在其他世界中加以审视。这样设计出的建筑就既属于场所的本质，同时也是整体世界的一部分。如果一件建筑设计仅仅从传统中来，而且仅仅重复场址的决定因素，我便觉得它缺乏对今日世界和当代生活的关注。如果一件建筑仅仅谈及当代的潮流和复杂的视像而没有触发与场所的共鸣，那么该建筑就没有锚固在其场所上，因为它缺少建筑赖以立足的特殊引力，缺少它所立足于该地点的特殊引力。"[40]

40 Peter Zumthor, *Thinking Architecture* (Baden: Lars Muller, 1998), pp.36-37.

卒姆托回忆他在工艺美术学校学习时，同学们对所有的问题都去试图寻求一种新的答案，感觉前卫似乎很重要。只是在后来，他才发现大部分建筑问题的有效答案早已经有了，因此他认为我们不断地发明那些已经被发明的东西，并且试图发明那些不可发明的东西。他认为这对教育和学习是有价值的，但是作为进行实践的建筑师，去了解和熟悉建筑历史中的大量知识和经验则是十分有益的。他相信如果将历史经验和知识结合进作品中，我们就有更大的可能作出自己的贡献。然而，建筑设计并非那种从建筑知识便可以直接和逻辑地变成新建筑的线性过程。那种使建筑存在的创造活动超出所有的历史和技术知识，其焦点在于与时代的问题进行对话。

为了获得更为本质的、与具体生活直接相关的建筑，卒姆托呼吁和诉求一种根据理解和感觉的原则为基本常识的建筑。他在谈到设计思维过程时认为他总是将自己置于那种自己能够想象得到，同时试图寻求的建筑形象和情绪的指引下进行工作。此时，大多数进入脑海的形象来源于自己的主观经验。当进行设计时，他试图发现这些形象意味着什么，从而可以了解如何创造丰富的视觉形式和气氛。他认为建筑不应该是那种不属于事物本质的事物的载体、符号和象征。在一个强调非本质的社会中，建筑可以进行抵抗性的活动。它使用自己的语言对形式和意义的浪费进行反击。对他来说对建筑进行反思十分重要，所谓反思就是从日常工作中退一步出来，检视自己所做的事情，以及为什么做这些事情？

他谈到经常看见那种看上去费了很大劲来试图获得某种形式特征的建筑，他对这样的建筑不以为然。他认为好的建筑应该接纳和欢迎人们的来访，应该使人们在建筑中体验和生活，而不应该不停地对使用者唠唠叨叨。他提出如下的质疑：为什么对组成建筑的基本要素——材料、结构、构造、承重和支撑、大地和天空——缺乏信心？为什么不能够对成为空间的要素——围合空间的墙和其组成材料、凹凸、虚空、光线、空气、气味、接纳性、回声和共鸣——给予足够的尊重，并细心对待它们？他喜欢那种在最后成型阶段和过程中能够将自己置身事外的设计和建造思想，将建筑留给其自身，使建筑成为其自己，使其成为居住的场所和世界事物的一部分。这样，建筑就可以不用建筑师个人的解释和述说而独立地存在。建筑对于卒姆托来说有一种美丽迷人的寂静性质，他认为这种性质是与构成、自明、坚固、实在、完整、诚实，以及温暖和感觉相联系的。建筑成为建筑，成为自身，成为存在，不去表现其他事物。建筑的现实是在实实在在的物体中，形式、体积和空间成为存在，理论观念仅仅存在于事物中。他对海德格尔在《筑•居•思》中表达的：人类存在的基本原则是在事物中生活。这就是说人们从来不存在于一个抽象的世界中，而总是在真实的事物中生活深有同感。卒姆托说："人与场所的关系，以及通过场所与空间的关系是根据人在其中生活和居住而获得的。"[41]

3.2 美国建筑师霍尔[42]

霍尔是近几十年来美国建筑设计和理论界有很大影响的建筑师，也是使用现象学进行思考的最有影响的建筑师。哥伦比亚大学教授弗兰普顿在为霍尔的《锚固》一书撰写的前言中说："霍尔是他同时代的美国建筑师中唯一受欧洲大陆现代哲学和音乐主流影响的建筑师，也就是唯一受德国哲学家胡塞尔和海德格尔，音乐家巴托克和勋伯格影响的建筑师"。[43] 正是从胡塞尔、海德格尔和梅洛-庞蒂等人的现象学哲学中，霍尔发展了他的建筑现象学思想以及相关的建筑理论和设计实践。他认为"秩序（设计概念）是外在的知觉，现象（人的经验）是内在的知觉。在一个物质的构筑中，外在知觉和内在知觉融合在一起。从这个观点上讲，经验的现象是某种结合概念和感觉的材料。客观与主观结合在一起，外在知觉和内在知觉被综合为对空间、光线和材料进行调整的活动。"[44] 对于霍尔来说现象学不是一种设计方法，而是一种关于建筑和场所本质的哲学基础，"不采用现象学观照方法就无法真正掌握建筑和场所的精神，从而无法正确解决建筑问题"[45]。更进一步说，不采用现象学的观照方式就无法感受（知）、体验和经验真实的生活

---

41 Peter Zumthor, *Thinking Architecture* (Baden: Lars Muller, 1998), p.34.

42 参见 禹食．"美国建筑师斯蒂文•霍尔"．《世界建筑》 1993 (3).

43-45 Steven Holl, *Anchoring* (New York: Princeton Architectural Press, 1989, 1991). pp.9-12.

世界。

几十年来，霍尔一直做着美国建筑传统的研究，并将从传统中获得的精神注入当代建筑设计中。不事喧哗的他通过坚实的理论探索和设计实践，不以加入任何流派的形式而为建筑界作出贡献。他以丰富的著作，深刻、质朴、简洁的建筑形式以及推动建筑批评不断深化的不懈努力赢得了人们的尊重。他是哥伦比亚大学建筑教授又是纽约建筑师。霍尔对美国城市和建筑进行了较为系统的研究，这些研究大部分发表于"建筑丛书"系列中。这个发起于 1977 年的丛书创办宗旨是独立地进行建筑批评、质疑和交换学术思想。该丛书具有独立和前卫思考的特征，受到学院中的学生、青年建筑师和进行形式探索的人们的好评。霍尔共为该丛书写了五集，它们是《桥》、《字母城市》(The Alphabetical City, 1980 年)，《桥宅》(Bridge of Houses, 1991 年)，《乡村和城市住宅类型》(Rural and Urban House Types, 1983 年)，与 J. 范顿 (J. Fenton) 合著的《杂交建筑》(Hybrid Buildings, 1985 年)，以及《城市边沿》 (Edge of a City, 1992 年)。

1)《字母城市》和城市格网。《字母城市》由两部分组成，第一部分分析研究了美国城市中被城市格网系统限定的不同种类的建筑。他认为可以按字母的形式对这些建筑进行分类。按照这种分类标准，他共总结出九种字母类型：T、I、U、O、H、E、B、L、X，并附之以实例。他认为在字母城市中，相邻的建筑组团都是在格网系统上发展的，某些与字母形式相似的建筑在这些组团中重复出现。他认为在字母类型的建筑中，平面的形式起决定作用。随着层数的增加，平面的作用减弱而剖面的作用增加，从而剖面起到决定建筑类型特征的作用，由此产生新建筑类型——塔楼类型。《字母城市》的第二部分总结了城市格网类型的变体，并从形态的角度探讨了建筑类型与城市格网模式的关系[46]。

《字母城市》的研究对象是美国非纪念性城市建筑，这些建筑是大规模建造的多层或高层建筑，大部分是具有历史和传统形象的现代建筑。这些建筑体量较大，构成了城市街道的几何性和现代城市的开放空间。他认为城市中的建筑通过一排排相邻建筑而获得它在城市中的地位。城市的组织结构是由城市实体和城市空间结合在一起，形成连续的街区和空间模式所构成的，城市实体是按照交通和开放空间来发展的。电、电梯和钢结构的

46 Steven Holl, *The Alphabeical City* (New York/San Francisco: Pamphlet Architecture #5 1980).

发明和发展彻底地改变了城市的类型。20世纪前的城市实体是水平向发展的，20世纪以来，这些城市实体竖立了起来，从而改变了城市形象。在现代城市中，原来统一的建筑功能发展为多元和复杂的建筑功能。不断增高的密度和建筑技术上的革新使得建筑的功能混杂交错，从而导致建筑无法具有某种固定传统类型。在这种功能混杂的建筑中，形式可以保持固定，功能则是复合、多样甚或是矛盾的。

在比较"格网"和"精致"设计这两种城市组织方式时，霍尔认为在19世纪末的几十年中，C.西特(C. Sitte)一直反对采用格网形式来组织城市，因为强行将格网系统运用在具有历史意义的复杂场所上会导致不规则的边界线的出现。20年后，柯布西耶提出了相反的观点，他认为西特没有正确地提出问题。又是20年后，欧洲一些具有历史意义的场所经第二次世界大战战火，以及整整一代规划师以"新城代替旧城"的现代主义观点来进行规划设计而遭到大规模破坏而开始解体。自20世纪70年代以来，城市规划界又重新拾起西特的理论观点，欧洲一些建筑师和教授认为是现代主义没有正确地提出问题和解决问题。霍尔认为"格网"方法和历史主义的"精致"设计方法之间的争论与美国这个"新世界"的城市关系不大，因为美国城市规划所遇到的问题与欧洲古老城市中的问题完全不同，美国建国不过二、三百年历史，所有的城市均是"新城"规划，遇到的问题较为单纯。早期美国城市的特点不像欧洲城市那样是从"小路"到"街道"那种复杂的历史层状发展。相反，它直接依靠格网，这些格网可以同时满足17世纪和20世纪的需要。在霍尔写这个小册子的时候正是后现代泛滥的时代，欧洲的城市规划师如L.克里尔提倡恢复欧洲规划的历史，重视城市空间、实体和要素的设计，提倡大城市取消主义。霍尔经过对美国城市历史和文化的思考后认为：今日那种对欧洲古典城市空间的向往和回忆虽然很富有启发性，但是如果将这种思想用在格网规划中则是根本错误的。美国城市的格网模式是一种"瞬间活动"，而非通过历史进化而来的。虽然格网具有限制性，在格网上发展的建筑仍然具有极大的灵活性。格网为秩序奠定了基础，同时又保证了个体建筑最大限度的自由。在为格网系统正名的努力中，霍尔还采用中国古代城市规划的实例来证实自己的观点。

这部著作的一个特点是城市建筑的历史理论研究并非最终目的，其目的是为设计和规划提供推动性的方法和思维方式。霍尔在书中提供了许多实例作为形式分析的基础，使人们在形象上对城市建筑的构成方式具有清晰的概念。霍尔说，他的这本小册子是在寻找适应格网系统的建筑，是在不先做结论，不带入先前建立的理论的前提下收集现存的建筑实例，然后对其进行研究。他讨论了建筑平面与剖面对关系，以及平面和剖面是如何影响和决定城市内在模式的。

2）地方建筑、类型学与《乡村和城市住宅类型》[47]。霍尔那种一贯的理性逻辑思想、寻找城市建筑的基本构成要素的形式分析方法以及简洁清晰的形式表现方式在《乡村和城市住宅类型》中得到充分的体现。在该书中，他系统地收集了美国地方和民间住宅，从中提取建筑类型以代替令人厌烦的行列式住宅。他将美国传统住宅分为乡村住宅和城市住宅两类。他总结出9种乡村住宅类型和9种城市住宅类型。在书中他认为："美国地方建筑、民俗学、历史学和地理学研究中运用类型分类分段已有很长的历史。这种按类型分类和组织建筑的方法当前在建筑理论界重新出现。"他指出类型学为理解文化和建筑的关系提供了理论指南。他很欣赏建筑历史学者F. 尼芬 (F. Kniffen) 对传统建筑所采用的分类方法。尼芬主要是对那些无法用纪年方式排列分析的美国住宅形式进行实地调查，对其进行分类。他不顾当时人们对类型学的批评，表述道："肤浅表面化的研究也许否认一种古老而又基本的形式本质上是属于乔治亚式、联邦式、希腊复兴式或哥特式。"霍尔很欣赏这种观点，认为在这些文化历史学学者的工作中，类型学是从对民居的实地观察中获得的，是后续性的、归纳和总结性的。这与19世纪学院派大师J. N. 迪朗 (J. N. Durand) 那种演绎式的、对某种模式进行衍化的古典类型学构成手法不同。霍尔认为乡村住宅类型依赖住宅与大地、天空、山丘之间的关系，在于使环境展现出乡村住宅的那种孤独、纯净和淡泊的特质而形成某种景观；城市住宅类型则有赖于与城市街道和街区中相互连接的住宅之间的关系。

霍尔尤其推崇地方建筑和民居的形式构造特征。他认为民间住宅类型展示了构筑和表现上的简洁性、诚实性和整体性，这些性质将地方建筑与早期现代主义的追求联系了起来。民间工匠和设计者在百年前就已经预见

47 Steven Holl, *Rural and Urban House Type* (New York/San Francisco: Pamphlet Architecture #9 1983).

了包豪斯有关建筑的诚实性和拒绝使用装饰的思想。地方建筑所使用的材料在肌理和质感上保持了与自然的可见联系。地方民居没有多少装饰，即使有也是与材料加工、工艺直接联系的。他认为现代建筑与民间建筑之间的联系可以与现代音乐与民间音乐之间的联系相比较，例如，现代作曲家 B. 巴托克 (B. Bartok) 在对匈牙利民间音乐进行实地采集后认为"我们不仅关注纯粹的科学成就，而且关注那些对作曲家具有启发性的现象，事物的自然秩序是理论来自实践。"霍尔对地方建筑表现出的几何简洁性备感兴趣。他认为在最基本的民间住宅上也体现出动人的几何清晰性和形式的简洁性。在地方建筑中整体的形式感总是大于局部的总和，各局部要素均服从于整体体量和空间，而整体体量和空间则是按照类型和几何规律来组织的。简单的住宅并不依靠表现化、符号化的装饰来表现自己，其作为整体的自身就是一种表现。

3)《杂交建筑》与现代性。《杂交建筑》是探讨美国近现代建筑本质的专著。霍尔试图引发人们在空间和纲领上对美国城市更新计划进行建设性的思考。在他的研究系列中，《字母城市》探索了建筑类型与城市格网系统的关系；《乡村和城市住宅类型》收集了简洁的美国住宅类型以代替行列式住宅；《杂交建筑》则关注城市设计的、纲领性的和形式上的"杂交建筑"探索。他探讨了19、20世纪之交在美国出现的高层建筑类型在空间、体量、形式和功能上的"杂交"组合方式。他认为传统建筑类型是根据建筑的基本功能划分的，但是20世纪以来出现了将各种功能组合在一起的趋势，导致多种社会功能被包裹在某种单纯的建筑类型之中。这似乎是对类型学的一种冲击。但情况远非如此，面对这种社会需求，一种新的建筑类型出现了，这就是"杂交建筑"。霍尔认为，杂交建筑类型在20世纪发展极为迅速，现代城市就如同催化剂，它使得原来功能单纯的建筑发展为功能复杂和多元的建筑。他认为杂交建筑是现代化的产物，与电梯、钢结构和混凝土施工技术的发展不可分割。他认为"杂交"与"混合"是两种完全不同的使用方式，杂交类型的建筑具有其独特的形式特征。他与范顿识别了三种杂交方式，即组织结构的杂交、嫁接杂交和整体杂交[48]。

组织结构杂交的特征是其形式和外观的肯定性。这

48 J. Fenton and Steven Holl, *Hybrid Buildings*(New York/San Francisco: Pamphlet Architecture #11 1985).

种杂交方式通常不考虑建筑在城市中的特定场所，其实例大多是沿地界建造，外观呈立方体，重视立面和天际线处理。尽管这种杂交在一定程度上缺少特色，其外观也不很引人注目，但它却可以容纳大多数更新了的功能和计划的要求。

嫁接杂交通常是将不同的建筑类型简单地嫁接在一起。其外观清晰地表现了其内在功能。嫁接方式是随20世纪美国城市的急剧扩展而产生的，因此建筑师必须将传统的建筑类型融合在一起，以满足新的需要。经过这种实践产生了下一种新的类型。

整体杂交是20世纪工业城市的必然产物，它具有纪念性的城市的尺度。在其塔状的外形内包裹着全部的城市生活。在现代城市中整体杂交有效地满足了极其复杂的功能要求，展示了极大的伸缩性。其典型是现代超高层摩天楼，如SOM设计的汉考克中心等。

4）设计思想和作品。霍尔设计之成功是因为他发展了正确的设计思想和方法。其作品揭示了环境和场所的内在精神，他的作品得以使人们领悟人生的美好内容。这种境界的获得是与他采用现象学思想和类型学方法分不开的。对他来说，现象学不是一种设计方法，而是一种关于建筑和场所本质的哲学基础，不采用现象学的观照方式就无法真正掌握建筑和场所的精神，从而无法正确解决建筑问题。他的建筑现象学有两个基本原则：一个原则是要在概念上将建筑与其所表现的现象学经验结合起来；另一个原则是将建筑"锚固"在场所中。

诺伯格-舒尔茨在《场所精神：走向建筑的现象学》中认为建筑和城市设计主要应考虑"日常的生活世界"，因为"生活世界"构成了真实的现象，它包括自然中的全部真实事物。"生活世界"是胡塞尔首先提出来的。人们通过真实的"生活世界"得以抛弃各种"知识"和"成见"的束缚去把握事物的本质。在建筑思维中如何回归、还原到事物的本质呢？诺伯格-舒尔茨认为应该对"场所"加以重视。"场所"不是抽象的地点，它是由具体事物组成的整体,事物的集合决定了"环境特征"。因此，"场所"是质量上的"整体"环境，人们不应将整体场所简化为所谓的空间关系、功能、结构组织等各种抽象的意识范畴。这些空间关系、功能分析和功能组织均不是事物的本质，而是"成见"。成见会使人们失去对事物整体的真实把握。因此需要现象学"还原"方法，还原到对真实场所的整体把握。

在阅读研究了胡塞尔和海德格尔的现象学著作后,霍尔总结出有关建筑现象学的设计方法,这就是在特定场所中锚固建筑的方法。霍尔认为建筑被束缚在特定情景中,与特定场所中的经验交织在一起。他又认为对建筑场所的功能问题的解决仅是物理范畴,物理范畴需要建筑的"形而上学"来引导。建筑通过与场所的融合,通过汇集特定情景中的意义得以超越物质和功能的需要,成为场所中具有深刻意义的景象。他认为在建筑实现前,时间、光线、空间和材料等建筑的形而上学的骨架保持着一种无秩序的状态。此时建筑的构成方式是敞开的:线、平面、体积和比例都在等待着激化因素。当场所、文化和设计任务给定后,一种秩序和思想就有可能形成。因此整体和真实地把握场所现象,并据此将建筑锚固在场所中就是霍尔设计思想的基石。霍尔的锚固法需依靠人们的知觉,通过知觉把握场所的锚固点。他将知觉分为两种:一种是"外在知觉",主要指理论知识等已被人类接受的特定秩序;另一种则是现象,它是"内在知觉"。锚固法将理智的外在感知和感觉的内在知觉结合进对空间、光线和材料赋予秩序的活动中。霍尔在《锚固》中说,"建筑思维是一种在真实现象中进行思考的活动。这种活动在开始是由某种想法引发的,而想法来自场所"[49]。锚固包括两方面:概念的锚固和经验的锚固。在将建筑锚固的同时,霍尔利用各种建筑要素来表达、强化、调节和限制场所经验。霍尔认同现象学是因为他认识到建筑领域至关重要的不是纯形式问题,而是如何处理建筑与场所的关系问题。

霍尔的作品从形式风格、设计方法和思想上大致可以分为两个阶段:第一阶段开始于20世纪70年代中期,延续到80年代中后期。自80年代后期开始,其创作进入另一个阶段。在第一阶段虽然没有大型建筑项目,但他用心思考每件小型工程和方案,重视建筑与场所之间的现象关系,并用民间建筑中的丰富类型去建立、发展和强化建筑与场所的现象关系,使得每件作品均透射出一种对人类生存境界的深刻关注和理解,体现出对人、建筑与场所关系的本质把握。霍尔的两件精彩作品——"玛萨蔓园宅"和"杂交建筑"——均产生于此阶段。巴克维兹住宅(Berkowitz House, Martha's Vineyard, 1984又称玛萨蔓园宅)是他最杰出的作品之一。在这件作品

[49] Steven Holl, *Anchoring* (New York: Princeton Architectural Press, 1989, 1991), p.9.

中,他对建筑与场所关系的处理达到一种出神入化的地步。建筑与场所结合创造了场所的精神。建筑与场所的融合产生了一种迷人的"现象",使人感受到真实的自然和生活的经验。从整体上讲,霍尔将景观、建筑类型和场所融合为一个全新的、具有生活意义的整体。他在这件作品中使用了乡村住宅的"驼背长枪"类型。要了解这件作品还需略知美国住宅构造、工艺和施工的传统方法和现代革新。美国住宅的传统木构架系统有两种:一种称作"平台式",另一种称作"气球式(连续)框架"。"平台式"是指木框架不是连续的,而是一层层构造的,也就是在每层木框架顶部有木框架平台,在其上再建造第二层木框架。而"气球式"则是木框架连续发展直达二层屋顶。传统方法是用三合板将框架包裹起来。霍尔在这件作品中将"气球式"木框架暴露出来作为一种表现手段,从而天然的木框架就与周围自然环境自然地连接了起来,在构造上所需要的连续重复的木框架则形成了简洁的韵律。

图8.4 斯蒂文·霍尔设计的 Berkowitz 住宅 (Steven Holl, Berkowitz House, Martha's Vinyard, Massachusetts, 1984)

"杂交建筑"位于美国佛罗里达的滨海城。滨海城是由 DPZ 规划设计的新城。DPZ 规定了城市限高和建筑设计标准。霍尔根据城市的杂交建筑类型,创造了一件既具城市景观特色,又融于自然环境之中的作品。在这件作品中,商店、办公室和住宅三种类型的空间"杂交"起来。在那个特定的场所中,建筑体现出一种寂静、旷远和苍凉的效果。在内部空间布局中,他更是别具一格地创造出产生不同经验的空间,表现出不同的空间"现象",尤其是在三、四层的住宅处理手法上。建筑中的住宅是为三位职业不同的住户设计的:一位音乐家、一位数学家和一位具有悲剧色彩的诗人。他根据住户的性格和职业特征创造出对比强烈、富有戏剧效果的空间。

第二阶段的作品主要是城市建筑,因此他将注意力更多地集中在形式语言、建筑要素与知觉感受的探索和研究中。他称这是对现代主义"开放词汇"在构成要素、形式和几何上的发展。他认为,这种形式探索发展了一种建筑的"原型要素",这是一种开放的语言。原型要素包括线、面和体。由此,霍尔开始与前一阶段疏远,民间建筑类型被一系列可置换的抽象形式的关系所代替。在此阶段中,他完成了无数大中型建筑项目,与之而来的是国际知名度。从米兰维多利亚城市区设计(Porta Vittoria, Italia, 1986 年)开始,霍尔大量使用线、面、体的"原型要素",采用开放的形式语言和构成,开创了精致的、具有历史文化意义的新现代主义发展方向。在

图 8.5 斯蒂文·霍尔设计的"杂交建筑"(Steven Holl, Hybrid Building, Seaside, 1984–1988)

Left: Evolutionary Zoo.
Right: Model and section of Botanical Garden.

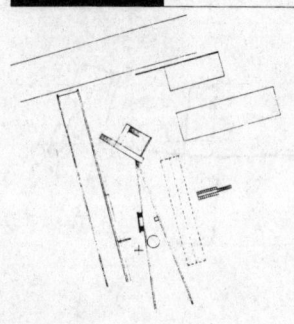

设计中针对欧洲历史城市特点，他使用了"精致设计"的方法，使用现代城市建筑形式创造了意义丰富的城市空间，大量地创造性地运用三维"原型要素"，展现了强烈的现代性。这种发展方向在他以后的作品中进一步得到体现。

霍尔的建筑表现也很有特色，它们表现出一种凝重、深刻、朴素，而又本质的效果，使人体会到对生存态度和对建筑和场所本质的思考，使人超脱表面的建筑形式而进入深一层的"本体论"和"形而上"的思考和情绪中。例如在"桥宅"的表现图中，光线、阴影、城市街道、城市建筑产生一种特殊的精神现象，令人联想起欧洲城市空间和生活。在范•赞特（Van Zandt）住宅的铅笔表现中，浓密的树林，沉寂、黑暗、深不可测的背景和平静的池水，灰白的建筑无言地述说了建筑、场所和自然

图 8.6 斯蒂文•霍尔设计的米兰维多利亚区 (Steven Holl, Porta Vittoria, Milan, 1986)

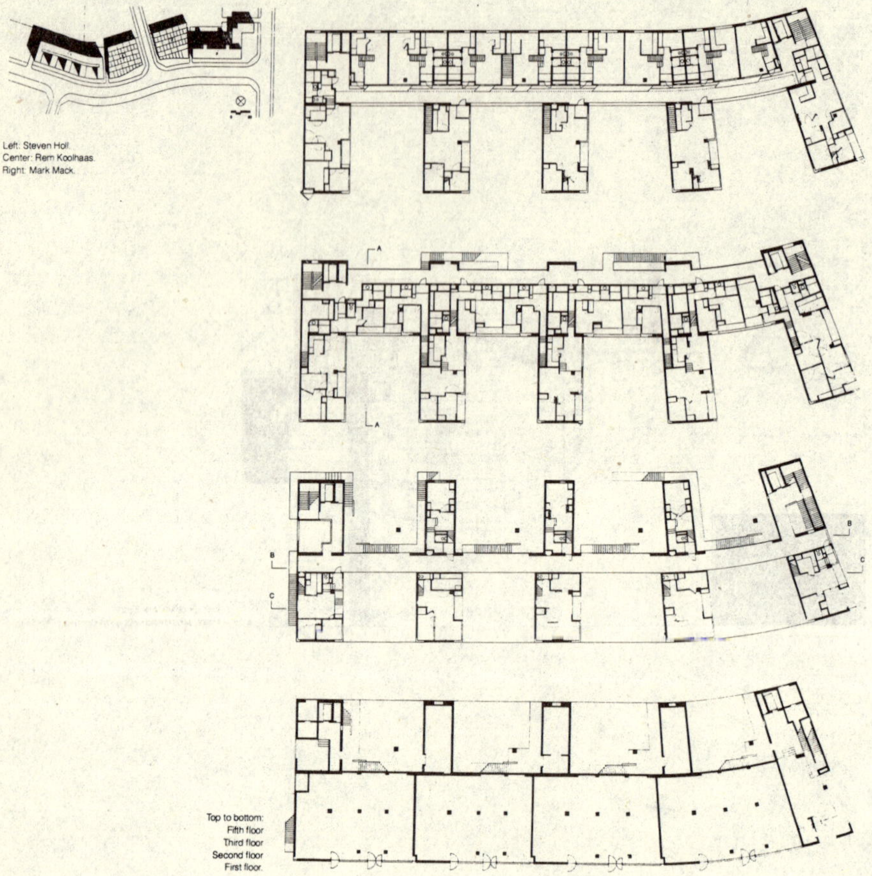

图 8.7 斯蒂文·霍尔为日本福冈设计的住宅 (Steven Holl, Void Space/Hinged Space, Fukuoka, 1989—1991)

的关系，使观者获得一种内在的经验。

霍尔是他同时代的美国建筑师中唯一受欧洲大陆现代哲学和音乐主流影响的建筑师，也是唯一受德国哲学家胡塞尔和海德格尔，音乐家巴托克和勋伯格影响的建筑师。正因如此，霍尔成为美国建筑师中杰出的代表。

建筑现象学重视人类在日常生活中对场所、空间和环境的感知和经验。人生经验是由实在的环境中的生活故事来构成的。过去的生活经历在人生旅程中成为浓缩的片段记忆。生活和建筑的经验是由一生来感受并积累的，故而生活和建筑的经验是由记忆和不断变化的瞬时知觉和感受组成的。人对场所、空间和环境的知觉是由对环境的瞬时的、易于变化的知觉和对过去的知觉的记忆组成。在寂静中沉思冥想回忆体验生活经验是把握真实、本质的建筑现象的最可靠的来源。在这种情状中体验的"现象"是一种纯粹意识的自我观照。在这种对意识的自我观照中得以对现象是如何在意识中呈现的，以及在意识中现象的构成方式进行反思。知觉系统对生活世界和场所空间的各种微妙知觉，以及对不断变化的现象世界的感知是丰富多彩的生活的真实基础和唯一源泉。

图 8.8 斯蒂文·霍尔设计的赫尔辛基 Kiasma 当代艺术馆 (Steven Holl, Kiasma Museum of Contemporary Art, Helsinki, 1998)

插图来源索引

一、机器建筑

图 1.1　Iako Chernikhov: Studies for machine architecture (1928.1931). Robert McCarter, *Building; Machine* (New York: Pamphlet Architecture, Princeton Architectural Press, 1987), p. 70.

图 1.2　Ruth Eaton, *Ideal Cities, Utopianism and the (Un) Built Environment* (London, Thames & Hudson, 2002).

图 1.3　Richard Rogers, Lloyd's Building (London). AD, 11/12, 1988.

图 1.4　Foster Associate, Hong Kong Bank Headquarters. AD, 11/12, 1988.

图 1.5　Bernard Tschumi, Parc de La Villette (1983). Aaron Betsky, *Violated Perfection* (New York: Rizzoli, 1991), p. 67.

图 1.6　Daniel Libeskind, the Burrow Laws (1979). Aaron Betsky, *Violated Perfection* (New York: Rizzoli, 1991), p. 70.

图 1.7　Morphosis, Crawford Residence (1988). Peter Cook and George Rand, *Morphosis* (New Work: Rizzoli, 1989), p. 168.

图 1.8　Morphosis, Sixth Street House (1988). Peter Cook and George Rand, *Morphosis* (New Work: Rizzoli, 1989), p. 168.

图 1.9　Neil Denari, West Coast Gateway Competition Project (1988). Aaron Betsky, *Violated Perfection* (New York: Rizzoli, 1991), p. 198.

图 1.10　Holt, Hinshaw, Pfau, Jones, Tract House (1986). Robert McCarter, *Building; Machine* (New York: Pamphlet Architecture, Princeton Architectural Press, 1987), p. 46.

图 1.11　Holt, Hinshaw, Pfau, Jones, Astronauts Memorial, Kennedy Space Center (1988). Aaron Betsky, *Violated Perfection* (New York: Rizzoli, 1991), 9. 197.

图 1.12　Wes Jones, UCLA Chiller Plant/Facilities Complex (1987–1994). Philip Jodido, *Contemporary California Architects*

(Taschen, 1995), p. 122.

图 1.13　Wes Jones, High Sierras Cabins (1994). Philip Jodido, *Contemporary California Architects* (Taschen, 1995), p. 126.

二、城市和建筑乌托邦：理想城市和建筑

图 2.1　Ebenezer Howard, *Garden Cities of Tomorrow* (London: Faber and Faber, 1965).

图 2.2　Sant' Elia, New City (1914). The work of Antonio Sant' Elia.

图 2.3　Mario Chiattone, Constructions for a Modern Metropolis (1914). Ruth Eaton, *Ideal Cities, Utopianism and the (Un)Built Environment* (London, Thames & Hudson, 2002), p. 183.

图 2.4　Iako Chernikhov: Fantasy & Construction – Fantasy #28. AD, 5/6, 1984.

图 2.5　Le Corbusier, the Contemporary City (1922). Robert Fishman, *Urban Utopias in the Twentieth Century: Ebenezer Howard Frank Lloyd Wright Le Corbusier* (Cambridge, Mass. The MIT Press, 1982).

图 2.6　Frank Lloyd Wright, Broadacre City. Ruth Eaton, *Ideal Cities, Utopianism and the (Un)Built Environment* (London, Thames & Hudson, 2002).

图 2.7　Ron Herrron, Walking City (1964). A Guide to Archigram (1994).

图 2.8　Peter Cook, Plug-in-City (1964). A Guide to Archigram (1994).

图 2.9　Constant Nieuwenhuys. Ruth Eaton, *Ideal Cities, Utopianism and the (Un)Built Environment* (London, Thames & Hudson, 2002).

图 2.10　Rem Koolhaas and Elia Zenghelis, Exodus, The Voluntary Prisoners (1972). Ruth Eaton, *Ideal Cities, Utopianism and the (Un)Built Environment* (London, Thames & Hudson, 2002).

图 2.11　Ettore Sottsas, 'Walking City, Standing Still'. AD, 3/4, 1985.

图 2.12　Ettore Sottsas, 'Track City'. AD, 3/4, 1985.

图 2.13　Superstudio, Continuous Monument (1969), Ruth Eaton, *Ideal Cities, Utopianism and the (Un)Built Environment* (London, Thames & Hudson, 2002), p. 235.

图 2.14　M. Vriesendorp, Dream of Liberty (1974). AD, 3/4, 1985.

图 2.15　Rem Koolhaas, The City of the Captive Globe (1972). *Delirious New York A Retroactive manifesto for Manhattan* (New York: Monacelli Press, 1994), p. 295.

图 2.16　L. Woods, Centricity. Architectural Monographs No. 12: Lebbeus Woods (Academy Edition/St. Martins Press, 1992), p. 8.

图 2.17 L. Woods, *Underground Berlin*. Architectural Monographs No. 12: Lebbeus Woods (Academy Edition/St. Martins Press 1992), p. 18.

图 2.18 L. Woods, *Aerial Paris*. Architectural Monographs No. 12: Lebbeus Woods (Academy Edition/St. Martins Press, 1992), p. 69.

图 2.19 L. Woods, *Aerial Paris*. Architectural Monographs No. 12: Lebbeus Woods (Academy Edition/St. Martins Press, 1992), p.72.

图 2.20 L. Woods, *Aerial Paris*. Architectural Monographs No. 12: Lebbeus Woods (Academy Edition/St. Martins Press, 1992), p.74.

三、后现代主义：表情达意的建筑

图 3.1 Michael Graves, The Portland Public Services Building (1979–1982) – model and sketches, Peter G. Rowe, *Design Thinking* (Cambridge, Mass., The MIT Press, 1987), p. 188.

图 3.2 Michael Graves, The Portland Public Services Building (1979–1982), Andreas Papadakis & Harriet Watson, *New Classicism* (New York: Rizzoli, 1990), p. 156.

图 3.3 Michael Graves, Clos Pegase Winery (1988), AD, 7/8, 1988.

图 3.4 Michael Graves, Dolphin and Swan Hotel(1988), AD, 7/8, 1988.

图 3.5 Charles Moore, Plazza D'italia (1985), AD, 3/4, 1985.

四、类型学：类推的建筑

图 4.1 Franco Purini, Classification of sections. Micho Bandini, Typology as a Form of convention, *AA Files 6* (1984).

图 4.2 Franco Purini, Theoretical designs (1980). Manfredo Tafuri, *History of Italian Architecture, 1944-1985*, Translated by Levine Jessica (Cambridge: The MIT Pres, 1990), Figures 133 & 134.

图 4.3 Franco Purini and Laura Thermes, Project for the civic center of Castelforte near Latina (1984). Manfredo Tafuri, *History of Italian Architecture, 1944-1985*, Translated by Levine Jessica (Cambridge: The MIT Pres, 1990), Figure 156.

图 4.4 Leon Kerior, Three models (types) of urban spaces. Charles Jencks and Karl Kropf, Theories and Manifestoes (Academy Editions, 1997), p.79.

图 4.5 Leon Kerior, Roma Interotta – City in the Vatican City. Charles Jencks and Karl Kropf, Theories and Manifestoes(Academy Editions, 1997), p.169.

图 4.6 Aldo Rossi, Analogical City (1976), Aldo Rossi: Buildings and Projects (New York: Rizzoli, 1985), p. 184.

图 4.7 Aldo Rossi, Gallaratese 2 (1969–1973). Aldo Rossi:

Buildings and Projects (New York: Rizzoli, 1985), p. 75.

图 4.8　Aldo Rossi, Madena Cemetery (1971-1984). Aldo Rossi: Buildings and Projects (New York: Rizzoli, 1985), p. 88.

图 4.9　Aldo Rossi, Madena Cemetery (1971-1984). Aldo Rossi: Buildings and Projects (New York: Rizzoli, 1985), p. 101.

图 4.10　Aldo Rossi, Gallaratese 2 (1969-1973). Aldo Rossi: Buildings and Projects (New York: Rizzoli, 1985), p. 79.

五、新城市主义

图 5.1　Andres Duany and Elizabeth Plater-Zyberk, Seaside Plans (1981-), *Towns and Town.Making Principles* (Harvard University Graduate School of Design, 1991), p. 22.

图 5.2　Andres Duany and Elizabeth Plater-Zyberk, Tupelo Circle, Seaside (1981.), Peter Katz ed., *The New Urbanism: Toward an Architecture of Community* (McGraw Hill, 1994), p. 13.

图 5.3　Andres Duany and Elizabeth Plater-Zyberk, mix of style, type & uses, Seaside (1981.), Peter Katz ed., *The New Urbanism: Toward an Architecture of Community* (McGraw-Hill, 1994), p. 17.

图 5.4　Andres Duany and Elizabeth Plater-Zyberk, A Village Near Annapolis, *Towns and Town.Making Principles* (Harvard University Graduate School of Design, 1991), p. 27.

图 5.5　Peter Calthorpe, South Brentwood Village, Peter Katz ed., *the New Urbanism: Toward Architecture of Community* (McGraw-Hill, 1994), p. 17.

图 5.6　Peter Calthorpe, Capital River Park Sacramento, the Next American Metropolis: *Ecology, Community, and the American Dream* (New York: Princeton Architectural Press, 1993), p. 145.

六、洛杉矶的建筑实践

图 6.1　Eric Owen Moss, IRS Building (1995). Richard Weinstein, *Morphosis Buildings and Projects 1989.1992* (New York: Rizzoli, 1994), p. 41.

图 6.2　Eric Owen Moss, Paramount Laundry(1987-1989). Philip Johnson and Wolf D. Prix, *Eric Owen Moss, building and projects* (New York: Rizzoli, 1991), p. 113.

图 6.3　Eric Owen Moss, Gary Group(1988-1990). Philip Johnson and Wolf D. Prix, *Eric Owen Moss, building and projects* (New York: Rizzoli, 1991), p. 140.

图 6.4　Hodgetts + Fung, Towell Temporary (1991-1993). Philip Jodido, *Contemporary California Architects* (Taschen, 1995), p. 107.

图 6.5　Morphosis, Crawford Residence (1990). James Steele, Los Angles Architecture (Phaidon Press, 1993), p. 105.

图 6.6　Frank D. Israel, Art Pavilion (1991). James Steele, Los Angles Architecture (Phaidon Press, 1993), p. 152.

图 6.7　Frank Gehry, Gehry Residence (1977–1978, 1991–1994). James Steele, Los Angles Architecture (Phaidon Press, 1993), p. 80.

图 6.8　Frank Gehry, Guggenheim Museum (1991–1997). Fancesco Dal Co and Kurt W. Forster, *Frank Gehry* (New York: The Monacelli Press, 1998), p. 483.

七、批判的地域主义

图 7.1　Luis Barragan, House and Studio (1947). Raul Rispa ed., *Barragan, the Complete Works* (New York: Princeton Architectural Press, 2003), p. 122.

图 7.2　Luis Barragan, Eduardo Prieto Lopez House (1948). Raul Rispa ed., *Barragan, the Complete Works* (New York: Princeton Architectural Press, 2003), p. 128.

图 7.3　Luis Barragan, Chapel for the Capuchinas (1952–1955). Raul Rispa ed., *Barragan, the Complete Works* (New York: Princeton Architectural Press, 2003), p. 157.

图 7.4　Luis Barragan, House (Mexico City, 1948). Raul Rispa ed., *Barragan, the Complete Works* (New York: Princeton Architectural Press, 2003), p. 134.

图 7.5　Enrique Norten and Bernardo Gomez-Pimienta, House N and R (1989). Richard Ingersoll, Terence Riley, Michael Sorkin, Ten Arqouttectos (New York: The Monacelli Press, 1998). p. 42.

图 7.6　Kengo Kuma, Hiroshige Ando Museum (Japan, 1998–2000). Liane Lefaivre and Alexander Tzonis, *Critical Regionalism, Architecture and Identify in a Globalized World* (New York: Prestel, 2003), p. 111.

图 7.7　Fernau & Hartman Architects, Berggruen House (California). James Shay and Christopher Irion, New Architecture San Francisco (San Francisco: Chronicle Books, 1989), p. 51.

图 7.8　Fernau & Hartman Architects, Collective Housing (Mendocino, CA). Susan Doubilet and Daralice Boles, American House Now (New York, Universe Publishing, 1997), p. 59.

图 7.9　Mack Architects, Stremmel House (Reno, NV). Susan Doubilet and Daralice Boles, American House Now (New York, Universe Publishing, 1997), p. 26.

图 7.10　Mark Mack, Gerardt Residence (Sausalito, CA). Susan Doubilet and Daralice Boles, American House Now (New York, Universe Publishing, 1997), p. 96.

图 7.11　Antoine Predock, Fuller House (Scottsdale, AZ, 1984–1987). Brad Collins, *Antoine Predock Houses* (New York: Rizzoli, 2000).

八、现象学：知觉和体验的建筑

图 8.1　Peter Zumthor, Atelier Zumthor (Switzerland, 1985–1986). A+U, Peter Zumthor: Architecture and Urbanism. Feb. 1988 Extra Edition, p. 63.

图 8.2　Peter Zumthor, Art Museum Bregenz (Austria 1990–1997). A+U, Peter Zumthor: Architecture and Urbanism. Feb. 1988 Extra Edition, p. 182.

图 8.3　Peter Zumthor, Caplutta Sogn Benedetg (Sumvity, Graubunden, 1985–1986). Peter Zumthor, Peter Zumthor Works: Buildings and Projects 1979.97 (Lars Muller Publishes, 1998), p. 71.

图 8.4　Steven Holl, Berkowitz House (Martha's Vineyard, Massachusetts, 1984). Steven Holl, *Anchoring* (New York: Princeton Architectural Press, 1989), p.77.

图 8.5　Steven Holl, Hybrid Building (Seaside, 1984–1988). Steven Holl, *Anchoring* (New York: Princeton Architectural Press, 1989), p. 84.

图 8.6　Steven Holl, Porta Vittoria Milan (Seaside, 1986). Steven Holl, *Anchoring* (New York: Princeton Architectural Press, 1989), p. 102.

图 8.7　Steven Holl, Void Space/Hinged Space (Fukuoka, 1989–1991). Steven Holl, *Anchoring* (New York: Princeton Architectural Press, 1989), p. 142.

图 8.8　Steven Holl, Kiasma Museum of Contemporary Art (Helsinki, 1998). Steven Holl, *Parallax* (New York: Princeton Architectural Press, 2000), p. 28.

后记

本书的问世需要感谢知识产权出版社和中国水利水电出版社的大力鼎助和王明贤先生的推荐。几年前出版社编辑来函邀请我参加《建筑学术文库》丛书的写作，并建议我根据过去发表的建筑理论论文进行梳理、总结和提高。本书就是在这样的前提下形成的。书中的八章中有七章是根据笔者自1988年在国内建筑刊物上发表的文章总结而来。

书中第一部分"机器建筑"系根据笔者发表在1994年《华中建筑》上的《机器主义综合症》[1]和发表在《建筑学报》上的书评[2]改编而来。第二部分"城市和建筑乌托邦：理想城市和建筑"的内容曾发表在1995年和2005年《建筑师》[3]上。第四部分"类型学：类推的建筑"的不同部分曾分别发表在1988年和1993年的《世界建筑》[4]上，以及2004年的《建筑师》[5]中。第五部分"新城市主义"系根据发表在《建筑师》上的《丹尼·普蕾特兹伯格与滨海城的城市设计理论和实践》、《新城市主义的三个领域》[6]，以及《华中建筑》上的《DPZ和城市设计类型学》[7]重新创作而成。第六部分"洛杉矶的建筑实践"和第七部分"批判的地域主义"部分曾分别以《圣莫尼卡学派的建筑实践》和《批判的地域主义》为标题发表在《建筑师》上[8]。第八部分"现象学：知觉和体验的建筑"则是根据发表在1996年《世界建筑》上的《美国建筑师斯蒂文·霍尔》、《美国建筑的"新"精神》和以《建筑现象学概述》为标题发表在《建筑师》中的论文[9]改编而成。

在这些论文原初发表期间，受到各相关刊物的主编和

1 沈克宁，《新建筑机器主义综合症》，《华中建筑》，1998.2.

2 沈克宁，《评〈建筑：机器〉》，《建筑学报》，1994.02.

3 沈克宁，《新城市和建筑的畅想者利布斯·伍茨》，《建筑师》，62(1995).
沈克宁，《城市建筑乌托邦》，《建筑师》，116(2005).

4 沈克宁，《意大利建筑师阿尔多·罗西》，《世界建筑》，1988.06
沈克宁，《设计中的类型学》，《世界建筑》，1991.02.

5 沈克宁，《重温类型学》，《建筑师》，124(2006).

6 沈克宁，《丹尼·普蕾特兹伯格与滨海城的城市设计理论和实践》，《建筑师》，81(1998).
沈克宁，《"DPZ"与城市设计类型学》，《华中建筑》，June 1994.

7 沈克宁，《新城市主义的三个领域》，《建筑师》，103(2003).

8 沈克宁，《圣莫尼卡学派的建筑实践》，《建筑师》，77(1997).
沈克宁，《批判的地域主义》，《建筑师》，111(2004).

9 禹食，《美国建筑师斯蒂文·霍尔》，《世界建筑》，1993.03.
沈克宁，《美国建筑的"新"精神》，《世界建筑》，1993.03.
沈克宁，《建筑现象学概述》，《建筑师》，70(1996).

编辑的大力支持，特别要感谢李宛华、王明贤、黄居正、顾孟潮、高介华、崔勇、于志公、于苏生、徐纺和吴琼诸女士与先生的信赖以及所给予的支持和所付出的心血。

由于本书系根据过去论文整理而成，故而有连接较为生硬和阐述不够深刻等问题，还请读者见谅。

沈克宁
2008 年 12 月